知識ゼロでもハマる

面白くて奇妙な古生物たち

KANZEN

知識ゼロでもハマる

面白くて奇妙な古生物たち

古生物学って面白い

古生物学って、聞いたことはありますか？

いや、「学」をつけると少し難しい感じがするかもしれませんね。「古生物」をご存知でしょうか？

え？　ご存知ではない？

大丈夫です。大丈夫ですから、ここでページを閉じないでください。

きっとあなたは、古生物をご存知のはずです。

たとえば、ティラノサウルスに代表される絶滅した恐竜類。

彼らは古生物です。

たとえば、アンモナイト。たとえば、三葉虫。

彼らもみんな古生物。

化石として現在にその姿を残している彼らはみんな古生物です。

この本では、その古生物に関する面白そうな話題を集めてみました。基礎知識不要。

身構えていただく必要はまったくございません。

それどころか、ページ順に読んでいただく必要もありません。目次を見て、あるいは、パラパラっとページをめくって、気になった話題からお読みください。

そして、古生物、古生物学のもつ面白さの一端をご堪能いただければと思います。すでに「古生物学って面白いぜ。知ってるぜ」という方は、ぜひ、ご一読いただいた上で、家族、友人、恋人との会話のネタとしてお使いくださいませ。そして、ぜひ、この面白い学問の〝布教〟へご協力をお願いします。

本書は、ミュージアムパーク茨城県自然博物館の加藤太一さんにご監修いただきました。企画展の準備などでお忙しい中、本当にありがとうございました。表紙の迫力あるイラストは、月本佳代美さんによるもの。そして、本文中のほんわかとしたイラストは、谷村諒さんによるものです。編集の担当は、カンゼンの滝川昂さんと、パンダ舎のキンマサタカさんです。

気軽な気持ちで、古生物の面白さをお楽しみくださいませ。

2019年4月

サイエンスライター　土屋　健

知識ゼロでもハマる 面白くて奇妙な古生物たち ―― 目次

古生物学って面白い 2

序章 ―― 私たちの身近にある古生物 9

「古生物」って、何? 10
レストア、レプリカ、フェイク 16
なぜ、ゾウの鼻は長いのだろう? 22
ウマの足はなぜ1本指なのだろう? 28
地質時代は、どうやって決めるの? 34
化石ってどうやってできるの? 40
イヌとネコは祖先が同じ 46
日本で化石多産。カバのようで、カバではない哺乳類。 52

第1章 歴史の中にあった古生物 59

月のおさがりと天狗の爪 60
ティラノサウルスの〝もふもふ問題〟 66
古生物は性別がわからない？ 72
「消える学名」「変わる学名」 命名のルールって何？ 78
江戸時代に勃発した「龍骨論争」 82
一つ眼巨人の正体は、……ゾウの化石？ 88
〝本当の姿〟はどれ？ 復元が二転三転した古生物たち 94
恐竜化石をめぐって、殴り合い？ 古生物学史上に名高い「骨戦争」とは 100

第2章 覇権を握った古生物 107

恐竜台頭前夜、地上の〝覇権〟を握っていたのは、哺乳類の親戚たちだった！ 108
〝史上最初の覇者〟アノマロカリスを知ってほしい 114
〝躍進のトリガー〟は「眼」だった？ 120

第3章 進化を続けた古生物 127

翼はもともと「飛ぶため」のものじゃない？ 128
クジラの祖先は、オオカミみたいな姿をしていた 134
「日本の化石」という意味の名前をもつアンモナイト 140
小さな島で、動物は小さく進化する 146
そもそも「進化」って何？ 150
進化が進むと形が似てくる？ 154
サーベルタイガーの〝サーベル〟は、メインの武器ではなかった？ 160

第4章 ニュースで楽しむ古生物 167

史上最良のティラノサウルス標本をめぐって、FBI登場 168
「クビナガリュウ類」や「翼竜類」は恐竜じゃないって本当？ 174
映画で一躍有名になったモササウルス。しかし…… 178
恐竜絶滅事件。今の注目は「どうやって」 184
ジュラシック・パークは実現可能？ 190
「鳥類」は「爬虫類」の一部。消えた「哺乳類型爬虫類」分類をめぐるアレコレ 194

第5章――古生物に親しむ　201
古生物をもっと知りたい！　202
「化石の王様」は恐竜じゃない？　208
アマチュア大貢献　214
化石採集って誰でもできるの？　220
監修者選・古生物の神セブン！　224
博物館へ行こう　229
博物館紹介　235
参考文献　239
まだまだ面白いことがある　244

序　章―私たちの身近にある古生物

「古生物」って、何？

いったい、いつから「古い生物」なの？

今からそう遠くない昔の話。

筆者がある古生物に関する本を書いていた時に、編集者と本のタイトルの話になりました。そこで編集者から出た衝撃の一言が次のようなものでした。

「古生物って単語、難しそうだから今回は使うのはやめましょう」

これは実話です。実際、その本の書名には「古生物」という単語は使われていません。

あれから数年。この本のように「古生物」という単語を前面に出した本を上梓することができるようになりました。

時代の変化を実感しています。

それでも「古生物」という言葉の認知度はけっして高くはありません。古生物の企画を筆者のところにもってくる編集者と話していると、少なからず実感することがあります。ともすれば、「古代生物」と間違われたり、古生物学を「考古学」と混同していることが（企画をもってくる編集者であっても）しばしばあります。

さて、今回の本題。そもそも「古生物」とはどのような生物を指すのでしょうか？

日本古生物学会が編集した『古生物学事典第2版』の「古生物」の項には、次のように書かれています。

【古生物】こせいぶつ

地質時代に生存していた生物。古生物には絶滅種と現生種が含まれる。古生物の存在を示す証拠として、地層中に保存された古生物の遺骸の化石（体化石）や生活の跡を記録した生痕化石、および古生物由来の有機物（分子化石）があげられる。

「？」と思われた方もいるかもしれません。「こりゃ、難しい。『古生物』という単語が普及しなかったのもむべなるかな」と思われた方も多いことでしょう。

でも、ちょっとお待ちください。ざっくりといってしまえば、要点は二つしかありません。

一つは、地質時代に生きていた生物である、ということ。

ここでいう「地質時代」とは、人類の手によって歴史記録が残るよりも前の時代を指しています。文字や遺物。そうした〝文明の痕跡〟が確認されるよりも前の時代に生きていた生物を「古生物」と呼ぶのです。

そしてもう一つの要点が、その存在の証拠として「化石」を残すということ。

想像の産物ではなく、たしかに「そこにいた」という証拠があるということです。

では、いったいどのくらい昔まで遡れば、生物を「古生物」と呼んで良いのでしょうか。最も新しい化石はいったいどのくらい前のものなのでしょうか。

実は正直なところ、この線引きが難しい。一般的には、およそ1万年前を境界線とすることが多くあります。

しかし、人類の歴史記録が始まる時期、つまり、地質時代と歴史時代の境は地域差があります。地域によって、あるいは研究者によっては、1万年前よりも新しい時期に生きていた生物であっても「古生物」と呼び、その遺骸を「化石」と呼ぶこともあるのです。

古生物学と考古学の違いは？

古生物を研究する学問が「古生物学」です。

古生物学に関わっていると頻繁に「考古学」と間違えられます。古生物学と考古学の混同は、古生物学関係者（プロ・アマ問わず）にとっては、苦笑しながらの「あるある話」です（とある企画の際に考古学関係者に聞いた話では、あちらでも同じことがあるようです）。

しかし、時に進学情報サイトなどが誤ることもあるので、そう笑ってもいられません。

考古学は人類の歴史を研究する学問です。研究対象は遺跡や遺物、つまり「人類が関わっていたもの」です。一方、古生物学の研究対象である「古生物（化石）」は、そもそも人類の文明の歴史が始まるよりも前の生物のことです。

遺跡や遺物を残すような人類が関わっているか否か。それが両学問の「およその境界」となります（例外もあります）。

なお、人類そのものを研究対象とする学問には、考古学と古生物学を横断するような「人類学」もあります。

古生物学と考古学、そして人類学。それぞれの専門領域を知っておくことは、とても大切なことです（とくに進路選択を控えた若者にとっては）。

古生物と古代生物の違いは？

古生物はしばしば「古代生物」とも表記されます。ニュース記事で、書名で、そしてさまざまな創作物で。

たしかに「古代」という日本語には「古い時代」という意味があります。古生物は「古い生物」ですから、その意味では誤っていません。

しかし広辞苑などで調べると、古代は「歴史時代区分の一つ」と明記されています。中世、近代という言葉と同列の扱いです。「歴史時代」の区分として使われている以上、地質時代の生物に対して使うのは適当とはいえません。

実際、化石を研究する学問は古代生物学ではなく古生物学、研究者は古代生物学者ではなく、古生物学者です。

いささかややこしいのは、古生物としてのゾウ類のことを「古代ゾウ」と呼び、同じく古生物としてのサメ類のことを「古代ザメ」などと呼ぶこともあるからです。しかし、これらは例外です。

「古代生物」と書くと、遺跡を守るモンスターを指してしまいかねません。せっかくの機会ですので、「古生物」という単語の定義をしっかりふまえた上で、この本をお楽しみいただければと思います。

レストア、レプリカ、フェイク

そもそも化石が完璧に残る確率は極めて低い

多くの化石は〝不完全〟です。

生きている動物と比べると、どこかしら欠けているものがほとんど。とくに大きな個体であればあるほど、化石として完全に残る可能性は低くなります。

化石化の過程をまとめた本に、『Taphonomy: A Process Approach』（著：ロナルド・E・マーティン）という1冊があります。この本には、自然界で死んだ動物が、どのくらいの確率で地中に埋没できるか、という1980年代の研究がまとめられています。**化石ができるには地中に埋まらなくてはいけません**から、まず、そこから検討されているわけです。

その研究によると、250頭の遺骸があっても地中に埋まることができるのは、50頭。つまり、全体の20パーセントほどしか地中に埋没しないとのこと。

その後、地中の地殻変動で壊されたり、河川などで地層が削られたりしますから、この確率はさらに低下することになります。**化石になるには、ものすごい幸運が必要であることがわかります。**

生存時において〝レアな種〟であれば、化石になるのはさらに難しい。たくさんの個体数がなければ、化石として発見される可能性が低いのです。

さらにいえば、これは「個体」レベルで見たお話。個体を構成するパーツ、たとえば骨のレベルで見ると、仮にその個体が152個の骨で構成されていたとして、無事に地中に埋まる数はわずか8個、つまり5パーセントにすぎないとのこと。

つまり、「一体まるごと化石として残る」ことは、本当に稀な例なのです。

レストアはごく当たり前

完全体であることは珍しい化石の世界。

そのため、とくに展示される標本について「レストア」がごく日常的に行われています。

「レストア」は、「修復」「補修」「復元」と呼ばれる作業のことです。

全長30メートルを超えるような巨大恐竜は、背骨の一部など部分的なものしか見つかっていないケースがほとんどです。それでも、博物館に行けば、全身の骨格が組み立てられています。

これは、**失われた部分を近縁種などから類推し、補っているのです。こうした骨格は、「復元骨格」などと呼ばれます。**

アンモナイトや三葉虫などの手のひらサイズの化石でも、レストアは当然のように行われています。この大きさの化石でも欠けている部分がある例は少なくありません。その場合、別の個体で残っている部分、近縁種で残っている部分などを参考に樹脂などを使ったレストアがなされています。

レストアには、深い知識と高度な技術が必要です。その意味で、完全体の化石よりも、実は「手間がかかっている」といえるかもしれません。

レプリカをなめてはいけない

「ここに展示してあるのは、レプリカです」

Photo：オフィス ジオパレオント

白く光っている場所がレストア部分

レストアされた三葉虫化石

そう聞くと肩を落とす人がいます。たしかに、実物の化石を期待していたのであれば、それがレプリカ……つまり、複製であると聞くとがっかりするかもしれません。

しかし、博物館などに展示されているレプリカは、かなりの〝高級品〟。実物の傷まで再現されているといわれるほどのクオリティを誇るものが数多くあります。

伝統的なレプリカづくりは、実物化石から型をとってつくります。技術が必要で、それは一朝一夕で習得できるものではありません。型をとるときに、実物化石を痛めてしまう可能性もありますから、「レプリカをつくるから型をとらせて♪」といきなり申し出て許可されるものではありません。

博物館などで骨格が組み立てられて展示されている、大きな化石の多くはレプリカであることがほとんどです。

こうしたレプリカは、「全身復元骨格」などと呼ばれます。**本物そっくりであるにも関わらず、本物よりもはるかに軽く、展示しやすいという利点があります。**

小さな動物や植物であっても、貴重な化石や、本来であれば全身の一部しか発見されていないけれども、全身を学術的に再現することが可能な場合については、レプリカがつくられることは少なくありません。

学術論文で扱われ、研究者ではなくてはその全身が思い浮かべられないような貴重な動植物の化石の全体像を私たちが見ることができるのは、レプリカ技術のおかげなのです。

フェイクに注意

世の中には残念ながらレプリカであることを秘密にして、さも実物のように扱って商売をする人が少なからずいます。

悪意をもってつくられるそれは、もはやレプリカではなく、「フェイク」と呼ぶべきでしょう。

フェイクはさまざまな化石でつくられています。とくに三葉虫やアンモナイトなどの、一般の人々がお店で買うことができるような価格帯の化石については注意が必要です。フェイクは専門知識をもっている人であれば見破ることができますが、そうでなければ騙されてしまいます。

インターネット、とくに〝手軽なオークション〟を中心にフェイクは多く流通する傾向にあります。自分でフェイクを見破る技術をもっている、あるいは、信頼できる業者を知っているのでなければ、購入には本当に注意する必要があります。フェイクであるかどうかだけではなく、違法なものが販売されていないか、ということにも注意が必要です。

なぜ、ゾウの鼻は長いのだろう？

〝変わった動物〟としてのゾウ

現在の地球で「大きな陸上哺乳類」といえば、「ゾウ」でしょう。大きな個体では、頭胴長（顔の先端からお尻までの長さ）が7・5メートル、肩の高さが4メートル、体重は7・5トンにもなります。頭胴長は日本の小中学校の奥行きに匹敵し、肩の高さは日本の一般的な戸建て住宅の1階の天井の高さを超え、体重は日本製のスポーツ用多目的車（いわゆる「SUV」。スバルのフォレスター、トヨタのRAV4など）の5台分に相当します。

ゾウの特徴といえば、やはり「長い鼻」です。

「鼻」とはいっても、実は「鼻と上唇」でできています。私たちヒトも鼻と上唇を使えば、その間にボールペンくらいは挟むことができるでしょう。しかし、ゾウの鼻はもっと柔軟です。たとえば、仲間同士で鼻をからませることもできますし、足元や高いところのも

のをとるときにも使うことができます。まるで手のように使うことができるのです。また、スポイトのように使って、水を口に運ぶことも可能です。

これほど便利な鼻をもつ動物は、他にはいません。

どのような進化を経て、この鼻は発達したのでしょうか？

この謎の答えとして、「嘘のような本当の話」といわれる有力な説があります。

祖先は〝胴の長いカバ〟

現生のゾウとその近縁種が属するグループのことを「ゾウ類（科）」、そして、より原始的なゾウの仲間も含むグループのことを「長鼻類（目）」といいます。

知られている限り最も古い長鼻類の化石は、**新生代古第三紀暁新世**と呼ばれる時代にできた地層から見つかっています。およそ5900万年前のものです。

5900万年前ということは、いわゆる恐竜の絶滅で知られる**中生代白亜紀末**の大量絶滅から700万年ほどが経過したタイミングになります。

この最古の長鼻類の化石は部分的なもので、残念ながら全身像はよくわかっていません。しかし、その部分的な化石から推定される頭胴長は、**50センチメートルほど**だったとみられています。

筆者の家には、9歳になったラブラドール・レトリバーがいます。盲導犬の犬種として知られるこの犬の頭胴長は80センチメートルほど。つまり、初期の長鼻類は現代の盲導犬よりもずっと小さなものでした。

ある程度の部位がそろった状態で発見されている長鼻類の化石で最も古いものは、古第三紀始新世前期から漸新世前期まで、つまりおよそ5000万年前から2800万年前までエジプトに生息していた「モエリテリウム（*Moeritherium*）」です。

モエリテリウムは、現在の動物でいえば、コビトカバに近い姿をしていました。頭胴長は2メートルほどありますが、肩の高さは60センチメートルほどしかないという「短足」でした。しかもその頭胴長の7割は胴が占める「胴長」でもあります。そのかわいらしい全身復元骨格は、国立科学博物館などで見ることができます。

モエリテリウムは長鼻類ではありますが、鼻は長くなかったとみられています。実際には鼻には骨がないので化石に残らないのですが、モエリテリウムのような動物が長い鼻をもっていたとはどうにも考えられないのです。なぜなら、この体格ならば鼻が長い必要性がないからです。鼻が短くても、ごく普通に生活することができたとみられています。

すべては「大きくなった」から

長鼻類は、**〝進化の傾向〟が確認できる**グループとして知られています。

たとえば、モエリテリウムよりも進化した長鼻類に「プラティベロドン（*Platybelodon*）」という種類がいました。

プラティベロドンは、モエリテリウムより数百万年のちに現れました。下顎の牙（長鼻類の「牙」は、切歯)が平たく前に伸びていることが特徴です。下顎はなんとなくショベルを彷彿とさせます。

その独特の面構えに大きな注目が集まりますが、「長鼻類の進化」という視点に経つと、そのサイズがポイントになります。肩の高さは2メートルもあり、モエリテリウムの3倍以上、大抵の日本人の身長よりも高さがあります。現在のアジアゾウに近い大きさです。**ある程度の長さの鼻ももっていた**とみられています。

さらに大きな長鼻類も現れました。

その名は「ゴンフォテリウム(*Gomphotherium*)」。肩の高さは3メートルに達しました。下顎の牙こそ少し前に伸びていますが、その顔つきはかなりゾウと似ています。そして、**ゾウのような長い鼻をもっていた**と考えられています。

こうして見てきたように、長鼻類は「大型化」の進化の道をたどってきました。

生命の歴史をみると、過去にはさまざまな「大きな陸上動物」がいました。恐竜類には、全長20メートル以上、体重数十トンというものもいます。

しかし、こうした過去の大型種と比べると、長鼻類の大型化には決定的な違いがあります。

それは、**「頭部が大きい」ということ**です。正確にいえば、長鼻類は進化するに連れて、歯を大きく、重く、発達させていきました。

大型化し、四肢が発達したのが長鼻類です。四肢が発達すると、頭部（口）が地面から遠くなります。しかし、頭部が大きい（重い）ため、首は短い必要があります。「てこの原理」で、首が長いと頭部を支えるためにはかなりの量の筋肉とエネルギーが必要になってしまうからです。

大型化し、その結果、**首が短くなり、口が地面から遠くなった**。

そのままでは、水を飲むこともままなりません。さらにいえば重くなった全身を支えるため、長鼻類の脚は柱のようにまっすぐで曲がりにくいのです。

そこで「鼻」があると有利・便利になります。長い鼻があることで、口が地面から遠くても困ることがないというわけです。

ウマの足はなぜ1本指なのだろう？

イヌサイズだったウマの祖先

「ウマ」と聞いて、あなたはどのような動物を思い浮かべるでしょうか？

いわゆる競走馬として知られるサラブレッドが思い浮かぶ人もいるでしょう。ポニーを飼育している、という人もいるかもしれません。北海道に縁のある人は輓馬を思い浮かべる方もいるかと思います。

こうしたウマは、基本的には「エクウス・カバルス（*Equus caballus*）」という一つの種です。ウマ類には、他にも「モウコノウマ（*Equus ferus*）」、「サバンナシマウマ（*Equus quagga*）」、「アフリカノロバ（*Equus africanus*）」などがいます。

ここで挙げたいずれのウマも、足元を見るとそこには蹄が一つあるだけです。他の多くの哺乳類と異なり、ウマには指がない……というわけではありません。この1本だけある蹄が、ウマの指です。これは、私たちでいうところの「中指」にあたります。

ウマの最大の特徴が、この「1本指の足」です。前足も後ろ足も1本指。どうして、彼らはこんな〝特異な進化〟を果たしたのでしょうか？

実はウマについては比較的多くの化石が見つかっており、その進化のステップを追うことが可能とされています。

知られているかぎり最も古いウマ類は、新生代古第三紀始新世という時代に出現しました。「始新世」は、今から約5600万年前から約3390万年前まで続いた時代です。この時代、現生の哺乳類グループの祖先種が多く出現しています。

最古のウマ類とされているのは、「ヒラコテリウム（*Hyracotherium*）」です。ウマ類ではありますが、その見た目はどちらかといえば、マメジカを彷彿とさせます。大きさは頭胴長50センチメートル、肩高40センチメートルしかありませんでした。

本項の冒頭で挙げたウマ類の現生種の中で、最も小さな種はアフリカノロバです。それでも、肩高は125センチメートルあります。

40センチメートルというと、筆者の家で暮らす小型犬、シェットランド・シープドッグ（通称シェルティ）の肩の高さとほぼ同じです。シェルティは小型犬の中では大きな方ですが、それでも、大人が片手で抱きかかえられるサイズ。ウマ類は今でこそ人を乗せることもできますが、出現当時は小型犬ほどの大きさだったのです。

“速いが正義”の進化

最古のウマ類であるヒラコテリウムは、小さいだけではなく、現生ウマ類とは大きな違いがありました。

前足に4本、後ろ足には3本の指があったのです。蹄は指の先に小さなものがあるだけでした。

ヒラコテリウムがいた場所は、比較的樹木の多い場所だったとみられています。ヒラコテリウムは、そうした樹木の中の低木に身を隠しながら、その葉を食べて暮らしていたようです。

ヒラコテリウムの登場時期からほどなくして、地球の気候は乾燥化に向かいます。その結果、森林は縮小し、草原が広がっていきました。

そんなときに出現した新たなウマ類が、「メソヒップス（*Mesohippus*）」です。

メソヒップスの肩高60センチメートル。ヒラコテリウムの1・5倍にまで大きくなって

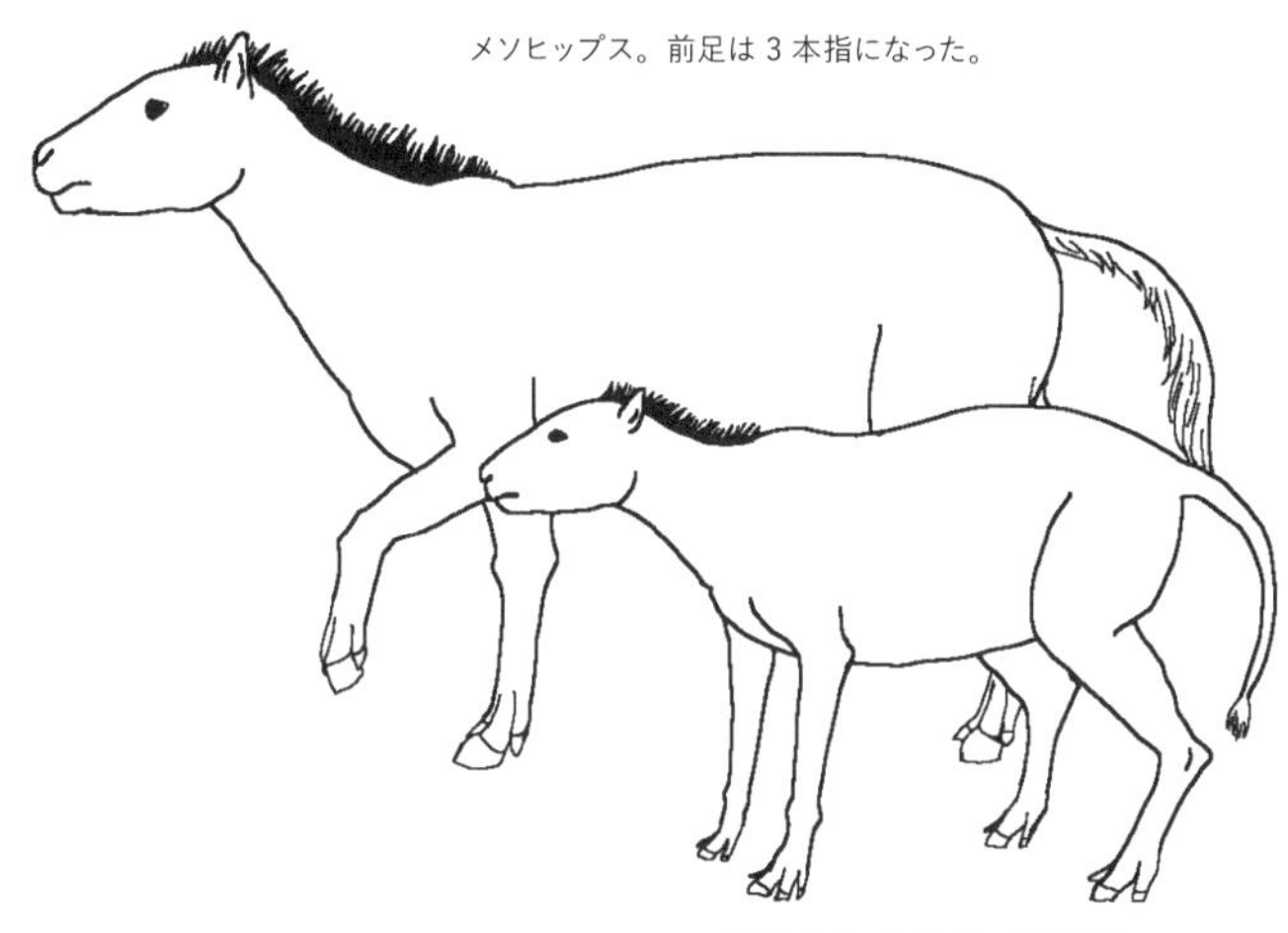

いました。注目すべきは、前足の指です。ヒラコテリウムは前足に４本の指がありましたが、メソヒップスの前足は１本減って３本指でした。

前足３本指、後ろ足３本指がメソヒップスの特徴ですが、その指もみんな同じ太さというわけではありません。中指は太く、その両側の指は細くなっていました。

そして、１５００万年前をすぎたあたり、地質時代でいえば、新生代新第三紀中新世と呼ばれる時代の半ばをすぎたあたりになると、肩高１５０センチメートルほどの「プリオヒップス（*Pliohippus*）」が出現しました。プリオヒップスは、前後ともに１本指の足。現在のウマ類とほぼ同じです。

つまり、ウマ類は前足4本指・後ろ3本指からスタートし、前後ともに3本指となり、そして、最終的に前後ともに1本指になったということになります。

どうして指の本数が減っていったのでしょうか？

気候の乾燥化とともに草原が広がっていくと、見晴らしが良くなって、被捕食者は捕食者に容易に見つけられてしまうようになります。

その場合、被捕食者が取ることができる行動の一つは逃げること。捕食者に追いつかれないように、そして捕食者が疲れ果てるまで逃げ切れば、被捕食者は命を永らえることができます。

「速く逃げる」ためには、もちろん筋肉の発達も不可欠です。しかし、もっとシンプルに「1歩のリーチが長いこと」も走行速度の向上に関係します。あしの短い動物よりも、あしの長い動物の方が、少ない労力で速く走ることができるからです。

ウマ類の進化に起きたのは、まさにこの「速く逃げる」の〝追求〟でした。

人間の手を見ればわかるように、指の中で最も長いものは中指です。ですから、その中指の先端だけを地面につけて走ることができれば、「1歩のリーチ」が最長となります。

こうして長いリーチを手に入れたものが有利となって生き残り、命を紡いでいった結果、現在のウマのように「1本指で走る」種へと進化したと考えられています。

あしだけじゃない

ウマ類の進化は、そのあしばかりが注目されますが、実はもう一つ重要なポイントがあります。

それは「歯」です。実は、ウマ類は進化するにつれて、歯が高くなってきたのです。

ウマ類の進化の舞台となった草原では、イネ科の植物が繁茂していました。イネ科の植物は他の植物とくらべるととても硬い。硬い植物を食べると、歯がすり減ります。

ウマ類は〝多少すりへったぐらいではなくならない高い歯〟も手に入れて、さらに草原生活に適応していったのです。

地質時代は、どうやって決めるの？

「基準となる地層」と化石を使って比べていく

古生物の話には、さまざまな地質時代名が出てきます。有名なところでは、恐竜が繁栄していた「中生代」や「ジュラ紀」「白亜紀」。本格的な弱肉強食が始まったことで知られる「カンブリア紀」、ケナガマンモスたちが生きていた「更新世」をご存知の方もいるかもしれません。

こうした地質時代名は、基本的に世界共通の呼び名です。これは地球全体の生命の歴史を考える上でとても大切なことです。

たとえば、日本では日本独自の年号が存在します。「明治」「大正」「昭和」「平成」、そして、「令和」が始まりました。

これらの年号は、明治生まれ、昭和育ちなどという具合に、〝時代感〟を共有することにはとても便利なものですが、残念ながら日本以外では通用しません。

しかし、「中生代」「カンブリア紀」「ジュラ紀」「白亜紀」「更新世」といった時代名は世界共通です（もちろんその国の言葉に翻訳されています）。「白亜紀の日本ではこういうことがあったが、同じ時期のアメリカはこうだった」というように、共通の時代名があるからこそ、地球全体の生命の流れがわかります。

こうした時代を区別する際には化石が重要な役割を担います。それぞれの時代には特定の生物群がいることが知られており、そうした生物の化石を使って各地の地層を比較して、時代を特定していくのです。地層の時代を決めることができる化石は「示準化石」と呼ばれています。

地層を時代ごとに区分するということは、19世紀初頭にイギリスで始まりました。当時のイギリスでは産業革命が進められており、その燃料として石炭が大量に必要とされていました。

産業革命を進めるためには、石炭がどこに埋まっているのかを調べなくてはいけません。石炭が埋まっている地層を「石炭系」、その地層が堆積した時代のことを「石炭紀」と呼んだことが「地質時代」のはじまりです。「○○紀」と呼ばれる時代は10以上ありますが、資源名がつけられているのは石炭紀のみ。他は、基準となる地層のある地域にちなんだ名前がつけられたことがほとんどです。

地質時代名の決定は、産業革命が進んだヨーロッパで主に進められました。そうして決められた「基準となる地層」に含まれる化石から示準化石が選び出され、世界各地の地層の時代を特定していったのです。

「年代値」は変化する

ジュラ紀や白亜紀といった時代と時代の境界には、年代値というものが定められています。有名な年代値といえば、白亜紀とその次の時代である古第三紀の境界でしょう。「恐竜の絶滅」で頻繁に紹介される「6600万年前」という数字がそれにあたります。

こうした数字は、専門家で組織される国際層序委員会が定めて発表しています。

年代値は研究の結果として算出されるもので、特定の元素を分析することで得られます。研究の結果ですから、技術の進歩で変化することもあります。

たとえば、先ほどの白亜紀と古第三紀の境界の値は、1990年代には6500万年前とされていました。その後、6550万年前となり、今日の6600万年前となりま

地質年代表

代	紀	世	年代/百万年前
			現在
新生代	第四紀	完新世	0.01
新生代	第四紀	更新世	2.6
新生代	新第三紀	鮮新世	5.3
新生代	新第三紀	中新世	23
新生代	古第三紀	漸新世	34
新生代	古第三紀	始新世	56
新生代	古第三紀	暁新世	66
中生代	白亜紀		145

代	紀	年代/百万年前
中生代	ジュラ紀	201
中生代	三畳紀	252
古生代	ペルム紀	299
古生代	石炭紀	359

代	紀	年代/百万年前
古生代	デボン紀	419
古生代	シルル紀	444
古生代	オルドビス紀	485
古生代	カンブリア紀	541

時代	代	年代/百万年前
先カンブリア時代	原生代	2500
先カンブリア時代	太古代	4000
先カンブリア時代	冥王代	4600

した。より古い方へとシフトしています。

他にも、カンブリア紀の始まりは１９９０年代には５億７０００万年前とされていましたが、現在では５億４１００万年前に修正されています。更新世のはじまりは、１６４万年前から２５８万年前に修正されました。

年代値の更新は、定期的に行われるものではありません。そのため、関係者は国際層序委員会のウェブサイトなどを頻繁に調べ、更新された値がないかどうかを確認しながら作業します。

最近話題の「チバニアン」って何？

時事ネタを書籍で言及することは多少のリスクを伴うのですが（古い情報となりやすいので）、それでも、２０１９年5月の刊行本としては触れておかねばならないでしょう。

近年、「チバニアン」という言葉が、頻繁にメディアに登場しています。日本語に直せば、「千葉の時代」。千葉県の名前を冠した時代名です。地質時代の名前に日本ゆかりの名前がついた例は過去になく、それゆえ大きな注目を集めているのです。

……とはいえ、それほど大きな時代名ではありません。

もともとそれぞれの地質時代区分は、かなり細分化されています。たとえば、「白亜紀」はまず「前期」と「後期」に2分され、前期は6時代に、後期も6時代に分かれています。この前後期の12時代のいずれにも名前がついています。一つ例を挙げるとすれば、白亜紀後期の最後の時代名は「マーストリヒチアン」です。これは、オランダのある都市にちなむ名称です（のちに、本書でもある化石の産出地として登場します）。

地球の歴史は、１１７に細分されています。その中で、名前の決まっていない時代がいくつかあります。その一つが、新生代第四紀更新世の「中期」です。２０１８年8月に発表された地質年代表では、約78万1000年前~約12万6000年前とされている時期に相当します。

地質時代名は、時代と時代の境界を象徴する地層がある場所の名前がつけられることが近年の慣例です。更新世中期と、その前の時代であるカラブリアンという時代の境界の基準となる地層。それが千葉県市原市にある、と日本の研究者はかねてより国際層序委員会に申請してきました。

この申請が認められれば、更新世中期には「チバニアン」と名付けられることになります。

当然のことながら、認定には数回にわたる厳しい審査があります。化石の他に、この時期にあった地球磁場の逆転などさまざまな情報を地層から読み取ることができるかどうかが審査されるわけです。

本書執筆段階では、まだこの審査の最初を突破したところ。この後の展開が注目されています。

化石ってどうやってできるの？

化石ができる基本の「キ」

化石は古生物の遺骸。あるいは、その古生物が残した痕跡です。全長30メートルを超えるような巨大恐竜の骨格から、体毛や脳などの軟体部までしっかりと残った冷凍マンモス、顕微鏡で見なければ形がわからないような微小な化石、足跡や巣穴、そして糞、もちろん植物の花、茎、枝、葉、花粉まで。

ひと口に「化石」といっても、とても膨大な種類があります。こうした化石は、どのようにつくられるのでしょうか？

……と、その前に、確認しておきましょう。そもそも「化石」とは何なのか？

この文字が示すような「石のように硬い」ことは、化石の必須条件ではありません。たしかに、叩けばコンコン、キンキンと音のするような化石もありますが、ヒトの爪で簡単に削ることができるもの、触っただけでボロボロと崩れていくものなどもあります。冷凍マンモスの毛は、実にしなやかです。

再び書いておきます。

化石とは古生物の遺骸。あるいは、その古生物が残した痕跡です。そして、文明成立後の人類がタッチしていないものを指します（文明が絡んだ場合は、「考古遺物」となります）。

化石の種類はさまざま。したがって、化石のでき方も一通りではありませんが、多くの化石に共通する「三つのステップ」があります。まず、それを紹介しましょう。

STEP1　**死ぬ**

当たり前ですが、生きているうちは、化石になりません。

STEP2　**すばやく地中に埋没する**

とても大切なことです。遺骸が地表に露出していると、動物にあさられ、壊されてしまいます。もしも動物に荒らされなかったとしても、雨風によってしだいに壊されていきます。死後、急速に地中に埋没することで、他の動物や雨風から〝保護されること〟が大切なのです。

STEP3 **地中で〝石化〟する**

石化とはいっても、前述したように、必ずしも石のように硬くなるわけではありません。地中にあるうちに、圧力や熱を受けたり、周囲からさまざまな化学成分が染み込んだりしながら、化石になっていきます。

化石ができるまでの時間はどのくらい？

地層中に埋まっている化石はさまざまで、地層がつくる層の間にぺしゃんこに潰れて入っているものもあれば、砂つぶの粒子の間に入っているものもあります。

そうした化石の状況（これを化石の「産状」といいます）の中で、アンモナイトなどの海棲動物の化石がよく含まれているのが「コンクリーション」です。

コンクリーションは、「ノジュール」とも呼ばれるもので、ひとことでいえば**岩の塊**です。形は球形や楕円体のものがほとんど。質感が周りの地層とは異なるので、アンモナイトなどの化石を探すときには、まずコンクリーションを探します。そして、そのコンクリーションを割ると、中から綺麗な化石が出てくる、という具合です。

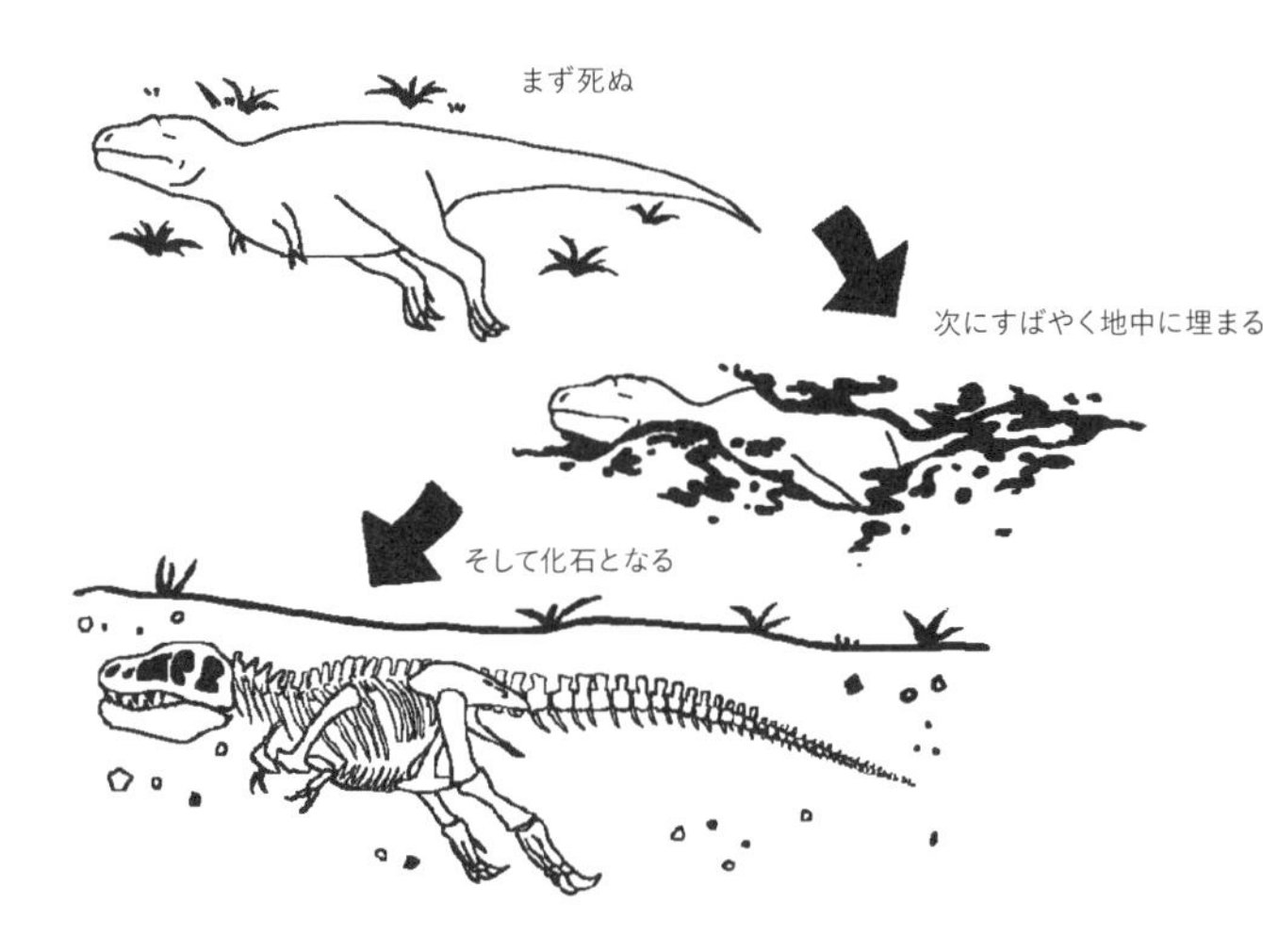

　コンクリーションは、化石研究者の間ではかなり有名な存在でしたが、それがいったいどのくらいの時間がかかってできるものなのかは、よくわかっていませんでした。
　漠然と「数万年以上かかるに違いない」と考えられてきました。
　2015年、この〝思い込み〟が覆される研究が発表されました。名古屋大学博物館の吉田英一さんたちがコンクリーションを分析したところ、その形成には数万年どころか、数十年もかからないことがわかったのです。
　たとえば、直径10センチメートルほどのコンクリーションであればわずか10か月。直径2メートルほどの大きなコンクリーションであっても、10年ほどでできるというから驚きです。

化石がつくられるにはいくつもの偶然が必要です。とくに全身がまるっと化石化したり、内臓や筋肉などの軟組織が残るには、特殊な環境が必要となります。

世界にはそうした特殊環境でできた地層がいくつもあります。例外的に化石を残しやすいその地層や場所は、「ラガシュテッテン」あるいは「化石鉱脈」と呼ばれています。

たとえば、古生代カンブリア紀の化石が豊富に見つかるカナダのバージェス頁岩、サーベルタイガーやマンモスなどの化石が見つかるアメリカのランチョ・ラ・ブレアなどがそれです。

「化石鉱脈」という産地

こうした化石鉱脈の中で、おそらく最も知名度が高いのは、ドイツ南部のゾルンホーフェンでしょう。この地は、始祖鳥（*Archaeopteryx*）の化石の産地として知られています。もちろん始祖鳥だけではなく、恐竜、翼竜、魚などの脊椎動物をはじめ、イカ、エビ、カブトガニなどの無脊椎動物の化石もたくさん発見されています。その多くの化石の保存状

コンクリーションの中に保存された化石
（Photo：オフィス ジオパレオント）

態が良好で、全身がまるっと残っているもの、毛が残っているもの、死の数秒前までの足跡とともに残るものなどもあります。

ゾルンホーフェンは、かつて暖かい海の底でした。この海は周りの海と隔絶していて、海水はどんよりと濁り、深層からは酸素が消えていたとみられています。

そして、嵐などでこの海に入り込み、死んだのち深層まで沈んだ生物が化石になったとみられています。無酸素ですから、他の動物（微生物を含む）がいないので、遺骸が荒らされません。さきほどのＳＴＥＰ２の条件が満たされます。

その結果として、綺麗な化石が残されたと考えられているのです。

イヌとネコは祖先が同じ

かつてイヌは木に登った

あなたの家にイヌ、もしくは、ネコはいるでしょうか？

現代日本では、イヌやネコを家族の一員としている家庭は少なくありません。一般社団法人ペットフード協会が2018年12月25日に発表した「平成30年（2018年）全国犬猫飼育実態調査　結果」によると、日本で飼育されているイヌとネコの数は、合計1855万2000頭に達するそうです。ちなみに、筆者の家には、9歳になったラブラドール・レトリバーと、4歳になったシェットランド・シープドッグがいます。彼女たちは、私の本にしばしばスケールとして登場します。

実際にともに暮らしているとよくわかりますが、イヌは広い場所を駆け回ることが大好きです。一方で、あまり「縦の動き」は得意ではなく、階段を昇り降りすることはできますが、それ以上の高さのある行動……たとえば、机の上に乗ったり、カーテンレールの上を歩いたりすることはできません。

一方のネコは、飼育している友人によれば、机の上に乗ったり、カーテンをよじ登るそうです。仕事をしようと思って書斎にやってきたら、椅子の上でネコが寝ていて、仕事を始められなかったという話も聞きます。

イヌは平面を走り回り、ネコは3次元的に動き回る。それは、現在のイヌとネコの〝常識〟ですが、イヌの祖先には必ずしもこの常識が通用しません。

知られている限り、最も古いイヌ類の化石は、アメリカ中西部にある約3700万年前の地層から見つかっています。

そのイヌの名前は、「ヘスペロキオン（*Hesperocyon*）」。

頭胴長40センチメートルほど。体重は1〜2キログラムという小さな動物です。現在のイヌの分類でいえば「小型犬」にあたります。最も、ヘスペロキオンは胴とほぼ同じ長さの尾をもっていました。

ヘスペロキオンの見た目は、現在でいえば、イタチに近いものでした。

また、現在のイヌの前足には5本の指、後ろ足の指は4本です。しかし、ヘスペロキオンは前後ともに5本指でした。

そして、現在のイヌはつま先で歩きます（歩くときに踵をつきません）が、ヘスペロキオンは踵をついて歩いていたとみられています。

さまざまな点で現在のイヌとは異なるヘスペロキオン。どうやら、樹木を登ることもできたようです。樹木に登り、リスなどの齧歯類を狩って暮らしていたと考えられています。

現在のイヌとはずいぶん違いますね。

イヌとネコの共通祖先

最古のイヌであるヘスペロキオンは、現在のイヌとは姿も生態もだいぶ違いました。しかし、ネコに関しては実は古生物であってもあまり姿に変化はありません。

この場合のネコは、イエネコではなく、もっと広い意味でのネコ、たとえば、ライオンやトラなどのネコ類を想像してみてください。

ネコ類の祖先たちは、現在のネコたちとほとんど違いは見られません。敢えて挙げるとすれば、長い犬歯（ネコなのに！）をもつ種がたくさんいたこと。こうしたネコは、

「サーベルタイガー」と呼ばれています。

ネコは〝最初〟からネコなのです。

イヌとネコの祖先をたどっていくと、約5600万年前〜約3390万年前の新生代古第三紀始新世という時代に生きていた一つの動物グループに行き当たります。「ミアキス類」と呼ばれるグループです。

ミアキス類は、「ミアキス（*Miacis*）」に代表されます。ミアキスは全長20〜30センチメートルほどの動物で、その姿は現在のイタチやフェレットによく似ています。つまり、イヌの立場から見れば、ヘスペロキオンとも似た姿の動物です。

このミアキス類こそが、イヌとネコの共通祖先。当時、世界中に広がっていた亜熱帯の森林の樹上で暮らしていたようです。

地球規模の乾燥化が原因だった

同じ祖先をもつイヌとネコ。

彼らの運命はどこで変わったのでしょうか？　分水嶺となったのは、地球気候の変化だったと考えられています。

始新世という時代には、世界中に亜熱帯の森林がありました。しかし時代が進むとともに、地球の気候はしだいに寒くなっていきます。

寒くなるとともに、乾燥化が進みました。その結果、世界中にあった森林がしだいに縮小していくことになりました。

森林地帯の縮小にともなって、土地がしだいに開け、草原になっていきます。イヌ類が進んだ道は、こうしたひらけた空間で暮らすことでした。

草原で獲物を追いかけるのであれば、〝樹木を登る仕様〟は不要です。

一方で、長距離を長時間かけて走り続けるようなからだが有利となります。そのため、イヌ類は祖先とは異なる姿へと進化していくことになったとみられています。たとえば、あしの関節は前後運動に特化して、長時間にわたって走行できるようになりました。見晴らしの良い草原で獲物を狩るために、タフであることも求められるようになったのです。

一方、縮小した森林地帯で生き続けることに適応したのが、ネコ類です。そのため、彼らの子孫は今なお、高い場所に登ることができます。

同じ祖先をもちながらも、道を違えたイヌとネコ。

私たちに最も身近な動物であっても、そこには3000万年を超える進化がつまっているのです。

日本で化石多産。カバのようで、カバではない哺乳類。

特殊すぎる歯

哺乳類は、種によって歯の形が独特です。そのため、絶滅種に関しても歯の化石さえ見つかれば、それが既知の種のものなのか、新種なのかがわかります。歯は口ほどに物をいう。歯の化石を見つけることができれば、生態や類縁関係を議論することも可能とされています。

そんな「哺乳類の常識」を外れたグループがかつて存在していました。

そのグループの化石は、北海道および本州の各地から見つかり、日本を代表する絶滅哺乳類として知られています。

このグループの名前は「束柱類」。文字通り、柱が束になったような歯をもつ哺乳類です。

柱が束？　そう疑問に思われた方もいるかもしれません。

たとえば、束柱類の代表種である「デスモスチルス（*Desmostylus*）」の奥歯は、直径1センチメートル弱の柱が数本束になっていました。この柱は根元で一つにまとまり、全体で1本の臼歯をつくっているのです。

なんとも特異な歯です。もちろん、現生種にはこんな歯をもつものはいません。そのため、生態や類縁関係など、多くの点が謎に包まれています。

最も、束柱類の化石は、歯だけが見つかっているわけではありません。全身骨格も少なからず発見されており、その復元標本は全国の博物館で展示されています。

束柱類の全身復元骨格は、一見しただけでは「カバ？」と思われるかもしれません。実際、筆者は博物館で「なにこれ？　カバの化石？」と話す恋人たちや家族連れを見たことがあります。それも一度や二度ではありません。

前に突き出たやや幅広の吻部と牙、でっぷりとした図体は、なるほど、カバを彷彿とさせる条件としては十分でしょう。

しかし束柱類はカバとは関係がありません。カバの歯は、柱が束になったものではないのです。

束柱類は、類縁関係がわからないこともあって、その復元に関しても議論があります。復元の参考にすべき現生種がわからないのです。

そのため、研究者によって復元される姿勢に違いがあります。デスモスチルスを例にとっても、ウシをモデルにしたり、サイをモデルにしたり、あるいは特定の種をモデルとせずに独自に推測して復元されています。現時点でも、すべての研究者が納得した全身復元骨格はつくられていません。

陸で暮らす？　海で泳ぐ？

復元姿勢さえ決まっていませんから、その生態はさらに謎に包まれています。骨格をどのように組み立てようと、この動物の四肢がひれではなく指のある足だったことは確かです。しかし、その足を使って陸上を闊歩していたのかどうかはわかりません。

たとえば、歯の〝化学成分〟に注目した研究があります。歯を化学分析することで、その歯がどのようにつくられて、使われていたのかを推測することができるのです。

デスモスチルスの歯を分析した研究では、沿岸に近い浅い海で、海藻もしくは底棲の

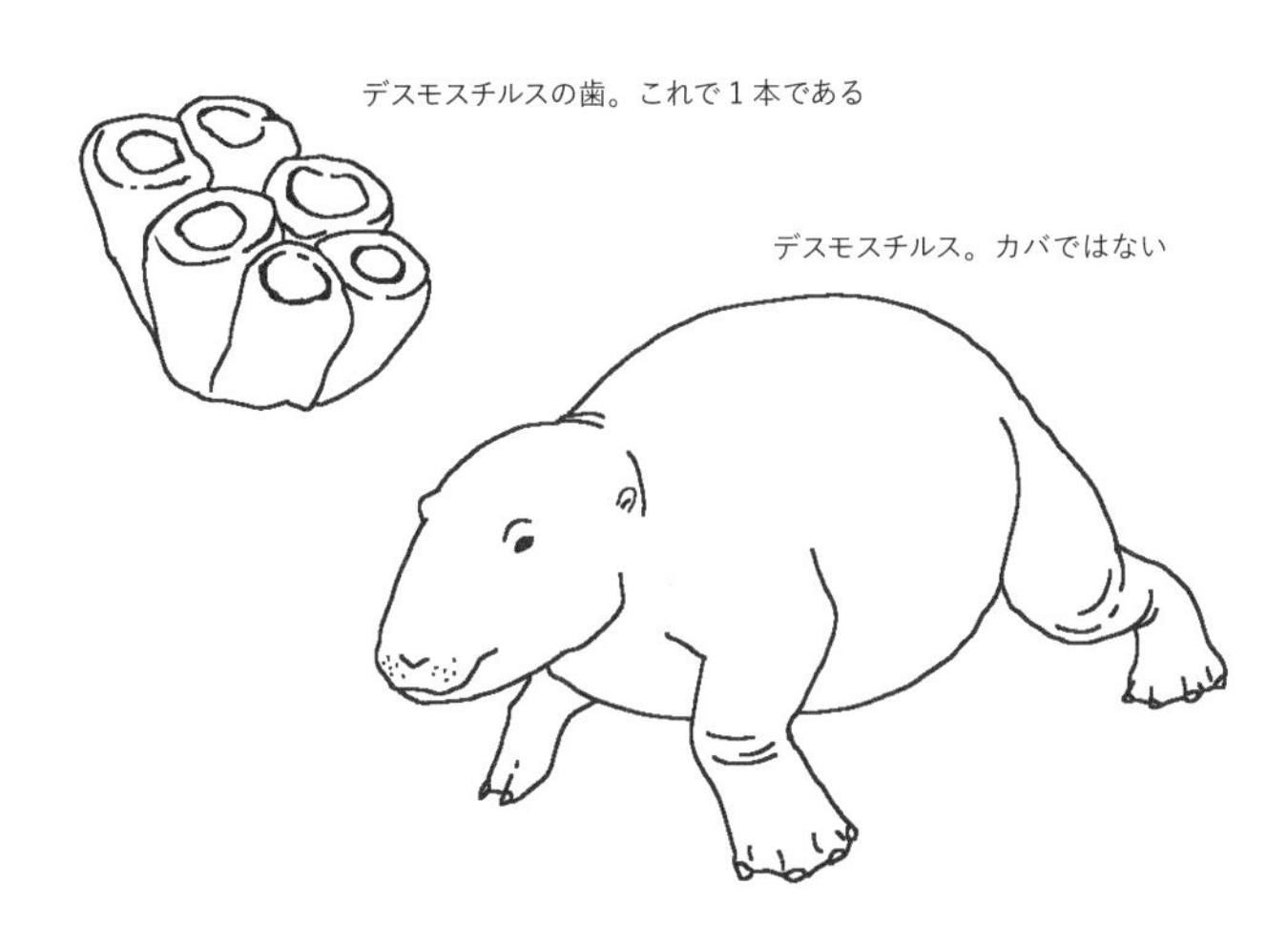
デスモスチルスの歯。これで１本である
デスモスチルス。カバではない

無脊椎動物を食べていたことが示唆されています。

　こんな研究もあります。２０１３年には、大阪市立自然史博物館（現在は岡山理科大学所属）の林昭次さんたちが、デスモスチルスの骨を輪切りにして、そのつくりを調べた研究を発表しました。この研究によると、デスモスチルスの骨の内部は、スカスカしているそうです。

　スカスカという特徴は、遠洋まで泳ぐ海棲動物に共通する特徴です。林さんたちの研究は、この結果からデスモスチルスは「泳ぎが得意だったのではないか」と指摘しています。

　この指摘は、歯の化学分析のデータと矛

盾するものではありません。つまり、沿岸域にも暮らし、必要に応じて遠くまで泳ぐ。そんな海棲動物だったのではないか、というわけです。

こうした「デスモスチルスは、泳ぎが得意な海棲動物である」という指摘がある一方で、それとは相反するようなデータを示した研究も存在します。

2016年に名古屋大学大学院の安藤瑚奈美さんと同大学博物館の藤原慎一さんは、デスモスチルスの肋骨の強度に注目した研究を発表しました。安藤さんたちの研究によると、一般に重力に抗する必要のある陸上動物の肋骨は強く、浮力のある世界で生きる水棲動物の肋骨は弱いとのことです。そして、デスモスチルスの場合は、陸上歩行能力をもっていた可能性があることが指摘されたのです。

現在、デスモスチルスは、歯に着目すれば海棲動物で、骨の内部構造は泳ぎが得意であることを示し、肋骨の強度は陸上動物の可能性があることを示唆しているという、なんとも奇妙なデータが同居する動物となっているのです。

同じ束柱類でも、生態が違う？

束柱類において、デスモスチルスと並ぶ知名度をもつ種類が「パレオパラドキシア（*Paleoparadoxia*）」です。パレオパラドキシアは、デスモスチルスとほぼ同じ時代に生きていました。

2013年の林さんたちの研究では、同じ束柱類であってもパレオパラドキシアの骨の内部は密度が高く、浅い海で暮らすカイギュウ類のようだったとのことです。一方で、2016年の安藤さんたちの研究では、パレオパラドキシアの肋骨には陸上動物ほどの強度はなく、水棲動物のそれである、と指摘されました。ちなみに、パレオパラドキシアの化石は、デスモスチルスの化石と同じ地層から見つかっています。

悩ましい。悩ましい。この謎の動物の正体が見えてくるには、いま少し待つ必要がありそうです。

第1章——歴史の中にあった古生物

月のおさがりと天狗の爪

月のう◯ち

岐阜県瑞浪市にある新生代新第三紀中新世（約2303万年前～約533万年前）の地層から、ちょっとかわった化石が見つかります。

その化石は、くるくると螺旋を描きながら垂れ下がり、しだいに太くなっていきます。大きさは10センチメートルくらい。表面はツルツルとしていて光沢を放ち、色は白い部分が多くあります。

ちょっとした宝石のようです。

実際、この奇妙な化石はメノウやオパールでできています。その意味では「宝石のよう」ではなく、「宝石」といっても良いかもしれません。

この化石は、「月のおさがり」と呼ばれています。

ここでいう「おさがり」とは、「うんち（糞）」のことです。もちろんその形に由来するものでしょう。現実的には、ここまで綺麗に螺旋を描いたうんちにはなかなか出会えないと思いますが、イメージとしてはぴったりです。

さて、「これが化石なの?」と思われた方もいるかもしれません。

答えからいえば、「化石」です。月のおさがりの正体は、ビカリア(*Vicarya*)という巻貝の化石です。殻の表面には、突起が並んでいて、暖かい汽水域に生息していたとみられています。

岐阜県瑞浪市からは、ビカリアの〃ノーマルな化石〃も見つかります。月のおさがりは、ノーマルなビカリアの殻の内部に、二酸化ケイ素などの成分が沈殿して固まり、そして何らかの理由によって殻が溶けて無くなってしまったものなのです。

江戸の古生物学者?

「月のおさがり」という呼び名が、いつから使われてきたのかはわかりません。しかし、18世紀(江戸中期)に活躍した木内石亭なる人物が残した『雲根志』にはすでにその名前を見ることができます。

木内石亭は、本名を拾井重暁といいます。近江（滋賀県）出身で、物産学を学び、全国を歩いて奇石・珍石を集めました。『雲根志』は、木内石亭の代表作。「前編」「後編」「三編」の三部作でできています。前編と後編は1773年、三編は1801年に刊行されました。『雲根志』は、国会図書館に保管されています。スキャンされているデジタル版もあり、インターネットさえあれば誰でも読むことができます。図版も多く、眺めるだけでもかなり楽しめる本です。また、雄山閣から横江孚彦さんが口語訳したものが刊行されていますので、国会図書館のデジタル版とあわせて読むと面白いでしょう。

月のおさがりことビカリアは、『雲根志』の前編巻之四項一七に「月珠」として収録されています。同項には、月のおさがり以外にも「月の糞」という直接的な表現のほか、「日のおさがり」「日の糞」という太陽にちなんだ呼び名も記録されています。木内石亭は実際に瑞浪市を訪問し、どうやらたくさん収集することができたようです。

『雲根志』は、日本の鉱物学、古生物学、考古学の先駆的な資料として位置付けられており、そして、木内石亭の記録は江戸中期当時のものの見方の資料としても、貴重なものです。

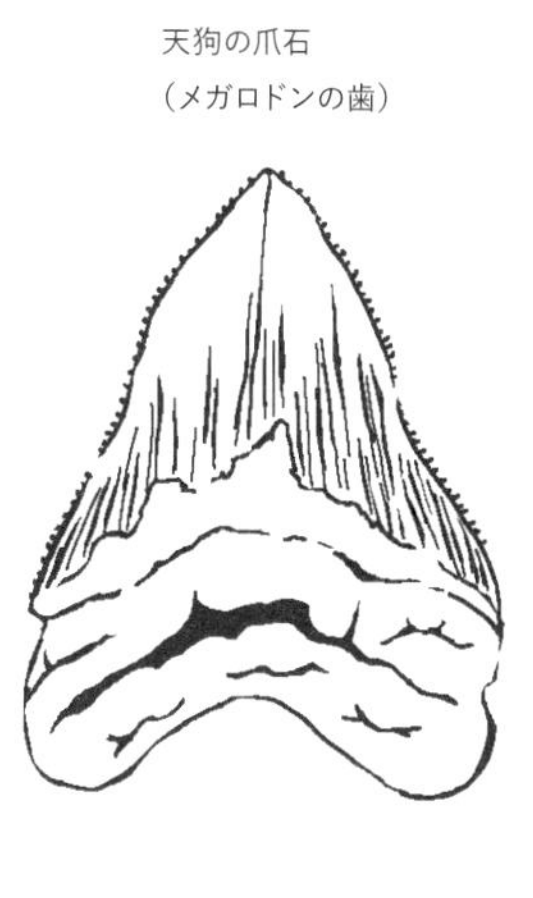

天狗の爪石（メガロドンの歯）

ビカリア　月のお下がり

蛇と天狗

『雲根志』には、現代の知識をもって読めば、それが化石であるということがわかるものがいくつもあります。

その一つ、後編巻之三項五に、「海中の岩石についているもの」「頭や尾はない」「胴体の内部は空洞」といった特徴とともに「**石蛇**」というものが録されています。これはどうやらアンモナイトの化石のようです。

アンモナイトの化石は、ヨーロッパでも蛇が石化したものとみられていたことがあります。文化的な背景は異なっても、見るものが同じであれば、人は同じ連想を働かせるのかもしれません。

後編巻之三項三二には**「天狗爪石」**が登場します。「爪のような形」「大きさは3～6センチメートル」「先端はとがり」「根元には肉のようなもの」「両端には細かなギザギザ」などの特徴が書かれています。さらに木内石亭自身が所蔵しているものとして、大きさ9センチメートルの標本もあるとか。また、木内石亭が聞いた話として、35センチメートルもの大きさの天狗爪石にも触れています。

特筆すべきは、天狗爪石のイラストが文章に添えられている点です。先ほどさまざまな特徴を並べましたが、むしろこのイラストが秀逸。古生物学に関わる人であれば、多くの人がイラストを見るだけで化石の種を特定できるほどよく描かれています。

天狗爪石の正体。

それは「メガロドン」と呼ばれる巨大ザメの歯の化石です。

メガロドンは、約1590万年前～約258万年前に世界中の海で大繁栄したサメです。その全長は11メートルとも16メートルともいわれていますが、「巨大である」ということ以外はよくわかっていません。

そもそも分類も研究者によって差があり、「メガロドン」という名前も実は通称です。学術的には、「カルカロドン・メガロドン（*Carcharodon megalodon*）」と呼ぶ場合と、「カルカロクレス・メガロドン（*Carcharocles megalodon*）」と呼ぶ場合、あるいは「オトダス・メガセラクス・メガロドン（*Otodus (Megaselachus) megalodon*）」と呼ぶ場合があります。それぞれの名前で、分類されるグループが異なります（サメの仲間である点は変わりはありません）。

最も、メガロドンの歯化石としては「大きさは3〜6センチメートル」は小型なので、これは他のサメの歯化石かもしれません。また、木内石亭が聞いたという35センチメートルという大物は、世界で見ても稀有な巨大サイズです。知られている限り最大の標本は16・8センチメートルとされていますので、もしもこの話が本当なら、記録を大幅に更新することになります。

実在するのであれば、ぜひ、見てみたいですね。

ティラノサウルスの〝もふもふ問題〟

悩ましい超肉食恐竜

「ティラノサウルス（*Tyrannosaurus*）」。

全長12メートル、体重6トン。「最大」ではないけれども、「最大級」の肉食恐竜です。幅のある大きな頭部には「削られていない鰹節」を彷彿とさせるようながっしりとした歯が並びます。その顎がうみだす「噛む力」は古今東西の陸上肉食動物を圧倒。また、嗅覚に優れ、見通しの効かない森林地帯でも、匂いによって獲物の位置を把握できたとみられています。

ティラノサウルスの〝肉食性能〟は、陸上生命史上で最高級といわれます。

故に、ティラノサウルスは「超肉食恐竜」とも呼ばれています。

そんなティラノサウルスに関して、この数年間、話題になったのは、「ティラノサウルスはやわらかい羽毛に包まれていたか」という〝もふもふ問題〟です。

近年、恐竜図鑑を開けば、多くの恐竜が羽毛に包まれています。ティラノサウルスにも羽毛があったのか？　羽毛で覆われていたのか？

それは非常に悩ましい問題でした。

恐竜たちはいつから〝もふもふ〟に

羽毛は、骨に比べると化石に残りにくいものです。学界では、1960年代から鳥類の恐竜起源説に注目が集まるようになっていました。しかし、鳥類に近縁とされるグループの恐竜たちに、鳥類の特徴である羽毛があったのかどうかはよくわかっていませんでした。


最初の転機は、1996年です。

この年、羽毛に包まれた恐竜化石が初めて報告されたのです。

そして、この報告を皮切りに、とくに中国から続々と羽毛をもつ恐竜化石が見つかるようになります。中国のある地域の地層が、世界的にみてもかなり例外的に羽毛を化石として残していたのでした。

これ以降、「恐竜の羽毛が化石に残っていなくても、生きていたときには羽毛があったかもしれない」と考えられるようになりました。

しかし、これは〝悪魔の証明〟です。「化石に残っていなくても、生きていたときは羽毛があったかもしれない」という可能性は、「化石に残っていないから、生きていたときにも羽毛がなかった」を否定することにはつながりません。羽毛化石という直接証拠がない限り、その存在の有無を証明することはできないのです。

その結果、**恐竜の羽毛は、「あったかもしれないし、なかったかもしれない」**というあやふやなものになってしまいました。

次に研究者たちが注目したのは、恐竜のサイズでした。

そもそも羽毛の役割は何なのか？

それは、第一に「保温」であるとみられています。体温を逃がさないため、です。**からだの小さい動物は、大きい動物よりも熱が逃げやすい傾向**にあります。これは、同じ温度のお湯を入れたコーヒーカップとお風呂はどちらが先に冷めるか、という実験で簡単に体感することができます。

この原理に基づいて、小型の恐竜には羽毛があったと考えられました。実際に、羽毛

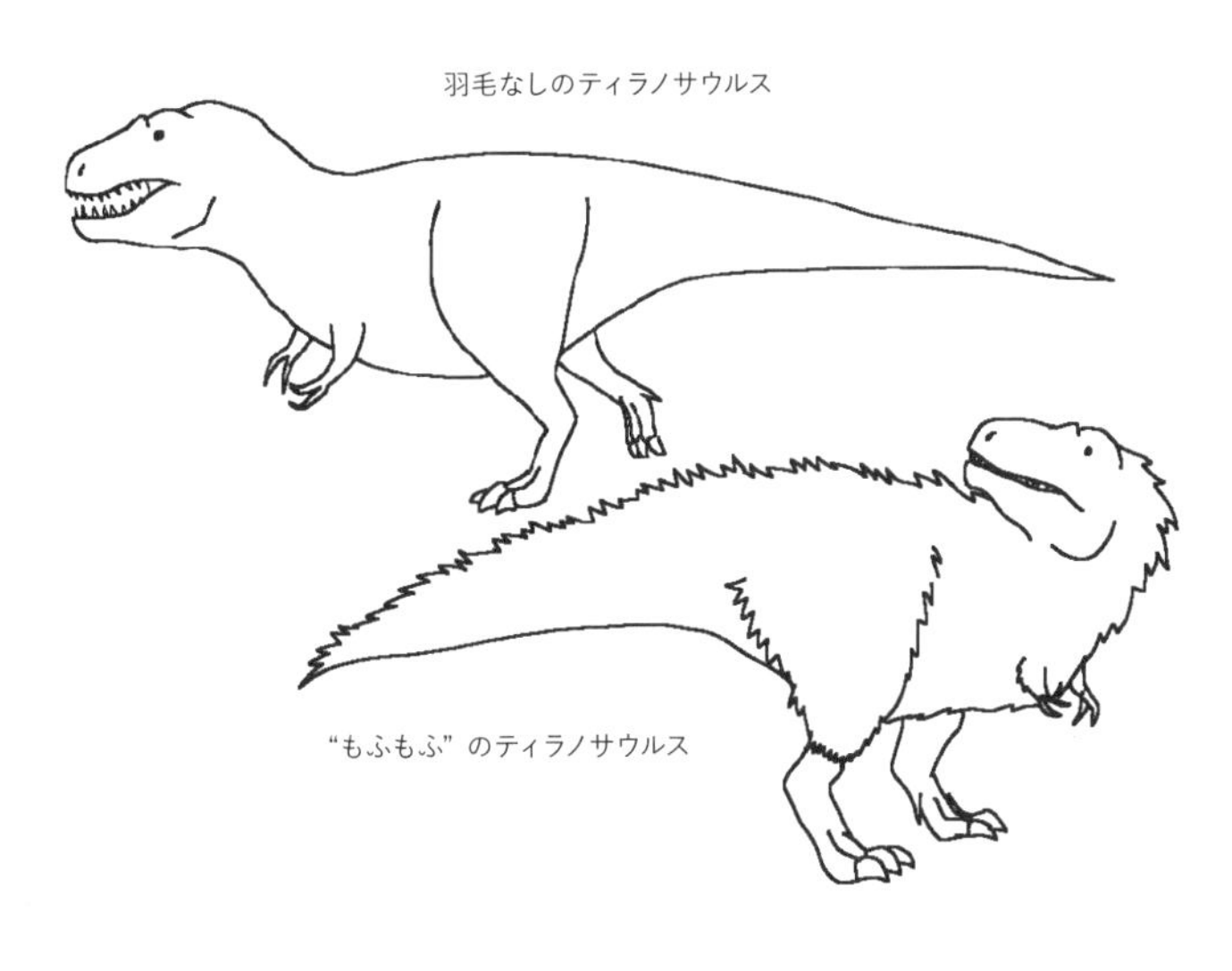

が化石で確認された数少ない恐竜たちは、小型種ばかりだったのです。

この段階では、全長12メートルのティラノサウルスには羽毛はないという見方が主流でした。羽毛がなくても体温を維持できるだけのサイズだと考えられたのです。

9メートルがアリなら、12メートルもアリ？

ティラノサウルスの復元を巡って、大きな転機となったのは、2012年です。

この年、中国科学院のシュウ・シンさんたちによって、全身に羽毛が確認できる新種の肉食恐竜、「ユティラヌス（*Yutyrannus*）」が報告されました。この恐竜は全長9メートルとなかなかの大きさで、何よりもティラノサウルスの近縁種でした。

全長9メートルの近縁種に羽毛があった！

この報告で、**ティラノサウルスにも羽毛があったという見方が次第に強まっていきました。**

実際には、9メートルと12メートルでは、その差は1・3倍以上あります。体重も倍以上違ったでしょう。さらに、シュウさんたちの論文では、ユティラヌスが生きていた環境は、ティラノサウルスの生きていた温暖な地域とは違って、1年間の平均気温が10℃ほど（現代日本の青森県の平均気温とほぼ同じ）という寒冷な地域であったことも指摘されていました。

つまり、ユティラヌスの発見をもってしても、ティラノサウルスに羽毛があったと考えるには、いくつもの〝不安材料〟があったのですが、この発見が契機となり、とくにメディアにおいて羽毛を生やしたティラノサウルスの〝出演〟が目立つようになっていきます。

だがしかし。発見されたのは、ウロコだった

羽毛ティラノサウルスが増える中で、さらなる転機は2017年に訪れました。ニューイングランド大学（オーストラリア）のフィル・R・ベルさんたちが、ティラノサウルスの首、腰、尾にあったウロコの化石を報告したのです。

この論文で、ティラノサウルスのほぼ全身にウロコがあったと推定されること、巨大化にともなって体表におけるウロコの面積が増加したということが示されました。もし**羽毛があったとしても、それは背中の一部などに限られていたのではないか、とされた**のです。

ただし、羽毛の役割が保温のため、というのであれば、ティラノサウルスであっても幼体や亜成体など、からだが小さくて、熱が逃げやすいうちには羽毛があった可能性があります。

成長するにつれて、体表が羽毛からウロコに変わっていく。そんな生態だったのかもしれませんね。こうした変化は、ミュージアムパーク茨城県自然博物館のジオラマで実感することができます。

古生物は性別がわからない？

基本だけれども悩ましい問題

あの恐竜は雄ですか？　あのマンモスは雌でしょうか？　あのアンモナイトの性別は？

古生物における性別は、非常に悩ましい問題です。

化石という手がかりしかない古生物の場合、雌雄を決めることができるのは、かなり稀なケースです。

とくに雄が難しい。なぜならば、生殖器は軟組織でできていることが多く、軟組織は化石に残らないことがほとんどだからです。

雌である、ということがわかることはあります。化石となった個体の体内に、胎児や卵が確認できる場合です。**胎児や卵が残っていれば雌であるとわかります。**

しかし、胎児や卵が残っていない場合、言い換えれば、妊娠中ではない雌と雄の違いを見分けることはかなり困難です。

現在の地球には、雌雄で大きさがかなり異なる種や、姿が異なる種がいます。それらは、たとえ大きさが異なっていても、姿が異なっていても同種です。動物の性差を観察し、繁殖して子孫を残しているかどうかを確認すれば「同種である」とわかります。

しかし、化石においてはそうした行動を観察することはできません。そのため、本来は同種の性差であっても、大きさや姿が異なる場合は別種として認識している可能性もあるのです。

雄の生殖器さえ残っていてくれれば……

哺乳類の雄には「陰茎骨」があるものが数多くいます。陰茎骨とは、その文字通り、「ペニスの骨」です。

ヒトには陰茎骨はありません。しかし、身近な動物であるイヌの雄には陰茎骨がありますネコの仲間には陰茎骨があるものとないものがいます。

こうした哺乳類の化石の場合、**陰茎骨が見つかれば、雄であるとわかります**。しかし、陰茎骨が見つからないからといって雌であるとは決められません。なぜならば、化石化の過程で陰茎骨が壊れてしまったかもしれませんし、あるいは、ヒトのように陰茎骨をもたない種である可能性もあるからです。

また哺乳類以外の脊椎動物は陰茎骨をもちません。

無脊椎動物に関してはどうでしょうか？

これまでに知られている「最古の雄化石」と呼ばれる化石は、イギリスの約4億2500万年前に見つかったカイミジンコ（貝形虫類）のもので、ペニスが確認されています。

この例では、ペニスが硬組織であったというわけではありません。カイミジンコの仲間が化石になるときは、ほとんどの場合では外側を覆っている殻だけが残ります。生殖器などの軟組織は化石に残りません。

しかし、このイギリスの約4億2500万年前の地層はかなり特殊で、生物の生きていたときの姿を「鋳型」としてまるごと残していました。そのため、ペニスもその形状がはっきりと残り、「雄である」と認識できたのです。

こうした幸運な場所で化石にならない限り、多くのケースで性別を特定することはか

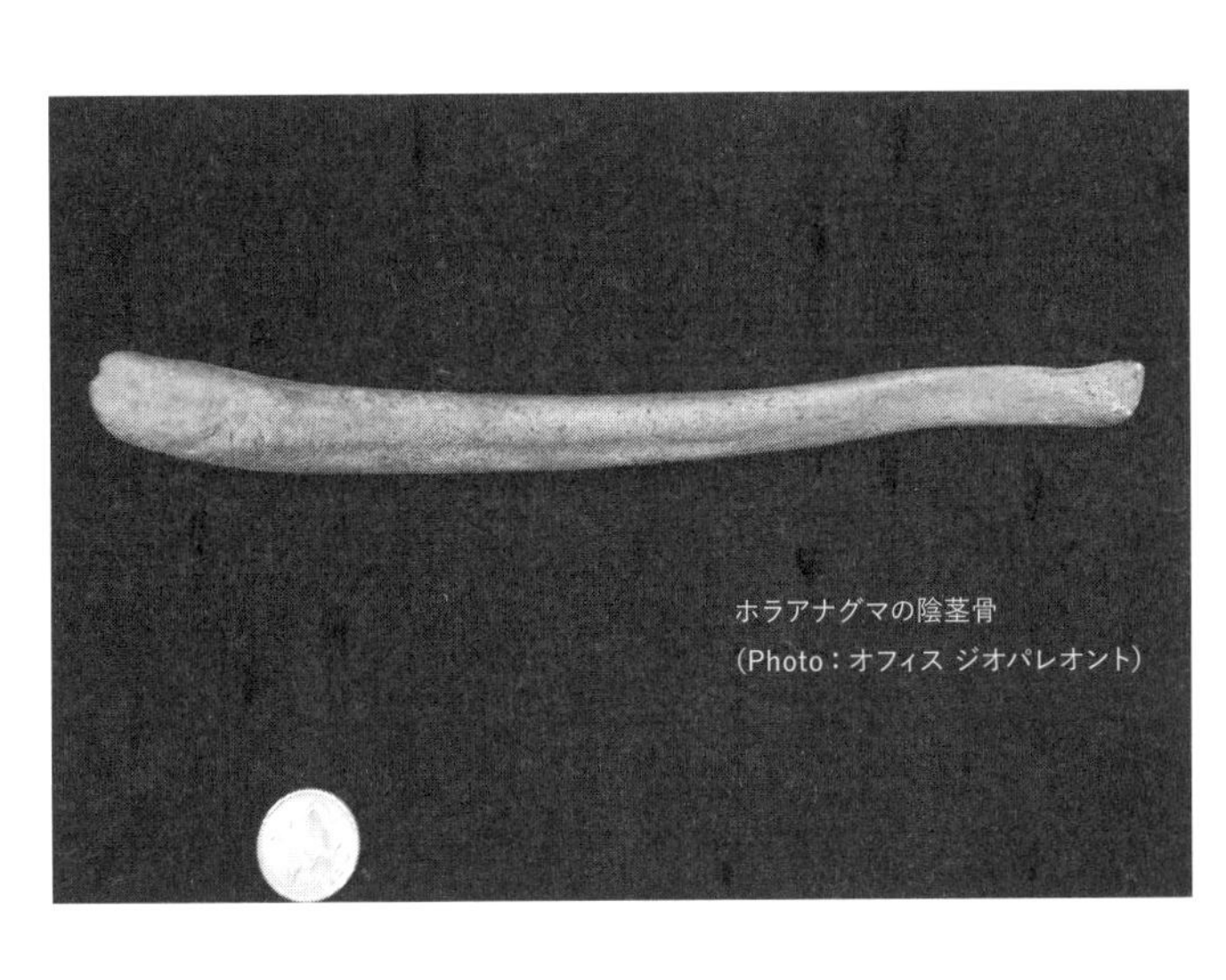
ホラアナグマの陰茎骨
(Photo：オフィス ジオパレオント)

なり困難なのです。

状況証拠から推測する

古生物において性別を決めることは困難。それは、生殖器が化石に残る例が稀であることが原因です。

しかし、さまざまなデータを分析することで、性別を推測することは不可能ではないと考えられています。

前述したように、雌雄でかなり大きさが違ったり、姿が異なったりする場合は、本来は同種の雌雄であるべきはずであっても、別種として認識されている可能性はあります。

しかし、それほど大きさが違うわけではなく、姿もよく似ているものであれば、話は別です。大きさや姿の違いは、性差を表しているかもしれないからです。

この場合、別種なのか、それとも同種の性差かを決める条件として最も基本となるのは、個体数です。

大きさや姿の差異が性別に由来するものなら、それぞれの特徴をもつ個体の数は、ほぼ同じになるはずです。雄と雌で数が大きく異なると、子孫を残せないものが多く出てしまうからです。

ある程度、個体数が見つかっていて、それらの標本がわずかな差……たとえば、犬歯が大きいものと小さいものであったり、がっしりとしているものとほっそりとしているものであったり、そうした基準で2タイプに分けることができるなら、その「わずかな差」は性差を表している可能性があります。

しかし、そこから先がまた悩ましい。

2タイプに分けることができたとして、どちらのタイプが雄であり、雌であるのか、わからないのです。世の中には、雄と雌で雄がからだが大きい例もあれば、雌が大きいものもあります。

2タイプに分けたのちに、たとえば片方のタイプに卵や胎児とまではいかなくても、妊娠の痕跡（たとえば、脊椎動物の場合、妊娠時に雌は自分の骨の一部を溶かす場合があります）が確認できれば、それは大きな手がかりになります。

　生殖器という直接証拠が見つからなくても、こうした状況証拠を積み重ねることで、雌雄を推測することができるのです。

「消える学名」「変わる学名」命名のルールって何？

サウルス？　ザウルス？

ティラノサウルス、ティラノザウルス、ティランノサウルス、チラノザウルス……。

これらはみな、有名な肉食恐竜である「*Tyrannosaurus*」のカタカナ表記です。このアルファベットの斜体で書かれた名前が学名で、国際標準として扱われるものです。ラテン語で書かれており、このラテン語をどのようにカタカナで表記するのかは、研究者によって違いがあります。

ローマ字の読み方を重視する場合、英語の発音を重視する場合、発見された地域の呼び名を重視する場合など読み方はさまざま。どれが正しく、どれが間違いということはありません。ちなみに「saurus」を「ザウルス」と読む場合は、かつて日本の科学界で主流だったドイツ語読みの名残です。ある世代以上の方々は好んで「ザウルス」と発音する傾向があります。

かつて日本で刊行された恐竜や古生物の一般向け書籍を監修したり執筆したりする研究者は、数人しかいませんでした。その結果、読み方は統一される傾向が強くありました。しかし近年は、多くの研究者が監修・執筆するようになり、カタカナ表記はそうした研究者ごとに異なる場合が増えてきています（ちなみに筆者の本では、原則的に監修者や協力者の指摘する表記にしています）。

このような事情なので、本書のようにカタカナ表記にアルファベットの学名を併記することが重要になっています。カタカナ読みがどうであっても、アルファベットの綴りは同じだからです。古生物の名前を確認するときは、ぜひ、アルファベットの学名に注目してください。

学名は消えることがある

研究が進むと、それまでは別個の種類と考えられていた生物が、実は同じ種類とわかることがあります。その場合、先に命名された名前に統一されます。

典型的な例として紹介されるのは、恐竜の「ブロントサウルス（*Brontosaurus*）」と「アパトサウルス（*Apatosaurus*）」です。

ブロントサウルスは、昭和から平成初期にかけてつくられた恐竜図鑑にはかなり高い頻度で掲載されていた種類です。「Bronto」が「かみなり」を意味することも影響して、「カミナリリュウ」の和名で親しまれていました。

ブロントサウルスが、アメリカの古生物学者のオスニエル・チャールズ・マーシュによって命名されたのは、1879年のことです。その2年前に、マーシュはアパトサウルスを報告していました。

マーシュはこの2種類を別個の恐竜と考えていましたが、その後の研究でブロントサウルスとアパトサウルスが同じ種類であると判明します。

その結果、先に名付けられたアパトサウルスにその名が統一され、ブロントサウルスの名前は抹消されたのです（ただし、近年の研究ではブロントサウルスの学名が復活する可能性も指摘されています）。

ちなみに、学名は発見者が命名するわけではありません。新種であるということを報告する論文を書いた研究者が、その論文の中で命名します。その種の特徴を表す名前が

良いとされていますが、それが義務というわけではありません。
　発見者の名前にちなむものや、お世話になった人に捧げるもの、自分の好きな映画から言葉をもらうものなど、さまざまな学名があります。

江戸時代に勃発した「龍骨論争」

近江国で〝龍の骨〟を発見

江戸時代末期の文化元年（1804年）11月8日。

近江国滋賀郡伊香立村南庄で、開墾中の農民が、ずっしりと大きな獣の骨を見つけました。

その農民にはその骨の正体がわかりませんでした。そのため農民は、伊香立村を所領とする膳所藩の藩主、本多康完にその骨を献じます。そして藩主は儒学者の皆川淇園にその骨を調べさせました。

そして皆川による鑑定の結果、「この骨は龍骨である」とされました。

龍骨の発見は、「とてもめでたいこと」とされました。そこで、藩主はもともと「奥谷」と呼ばれていた発見地を「龍ヶ谷」と改名し、発見場所には「伏龍祠」を建てました。そして、発見者である農民には「龍」の姓を与え（明治よりも前、農民には姓がないことが一

竜骨図のイメージ

般的でした)、子孫代々まで年貢を免除することに決めました。

また、絵師の上田耕夫を呼び寄せて、龍骨を写生させました。このとき描かれた図は、「龍骨図」あるいは「伏龍骨図」と呼ばれ、今日でも残っています。

龍骨図を見ると、大きな口を開け、口の中には鋭い歯が並び、後頭部には2本のツノを生やした〝龍〟の姿が描かれています。おどろおどろしささえ感じる龍の姿がそこにあります。

龍は実在するのか

近江国で龍骨が発見されるよりも少し前、

江戸時代の半ばあたりから、本草学者（薬学の他、現代でいう自然史科学も研究対象としていた人々）を中心に龍骨論争というものが起きていました。

実は近江国の龍骨の発見よりも前に、日本各地で「龍の骨ではないか」とされる骨がいくつか見つかっていたのです。そうした龍骨の正体を巡って、当時の識者にあたる本草学者たちが自分たちの見解を述べていたのでした。本書でも紹介している木内石亭（61ページ）、エレキテルの発明や「土用丑の日」の命名で知られる平賀源内などが、この論争に参加しています。

龍骨論争では、「果たして龍は実在の動物なのか」「日本各地で発見される龍骨は、本当に龍の骨なのか」などが論じられました。その結果、大勢としては「龍は実在せず、龍骨は別の動物の骨」という方向に落ち着いたようです。

では、別の動物とは、いったい何なのか。彼らが注目していたのは、ゾウとの類似性です。

江戸時代の日本に、野生のゾウが生きていたわけではありません。しかし、享保元年（1716年）に将軍となった徳川吉宗によって、それまでの洋書輸入禁止の方針が緩められ、多くの専門書が輸入されるようになりました。本草学者たちの中には、そうした専門書を読むことでゾウの存在を知った人もいるでしょう。

また、享保5年（1720年）には〝輸入〟されたゾウが、長崎の出島から江戸まで巡行しています。実際にゾウを見ることも可能だったのです。

そうした背景の中で、近江国の龍骨の正体も本草学者たちの注目を集めました。そして、阿波藩の医学師学問所教授を務めていた小原春造によって、龍骨論争に終止符が打たれることになります。

文化8年（1811年）、小原は『龍骨一家言』を刊行します。その中で、「龍骨はすべてゾウの化石骨」と断じたのでした。そして小原以降、少なくとも識者の間では、龍骨はゾウの化石として知られるようになっていきました。このあたりの経緯は、1991年に刊行された『日本の長鼻類化石』（著：亀井節夫）にまとめられています。

近江の龍骨の正体

明治維新によって、江戸時代が終わりました。

そして、近江で発見された龍骨は、皇室に献上されます。その後、この標本は誕生したばかりの内務省博物局に所蔵されることになりました。

明治維新後、多くの外国人が日本へやってきました。とくに「お雇い外国人」と呼ばれる人々は、日本の近代科学の構築に大きく関わっていくことになります。

そんな外国人の中に、ドイツ人地質学者のハインリッヒ・E・ナウマンがいました。ナウマンは、東京帝國大学（現在の東京大学）の理学部地質学科の初代教授となった人物です。日本の国立地質調査所の設立にも力を尽くし、日本各地の地質や化石を調べて記録を残したことで知られます。日本の近代地質学、近代古生物学の発展は、彼の活躍なくして語れません。

博物局に残されていた近江の龍骨もまた、ナウマンの研究対象となりました。明治14年（1881年）にナウマンは日本のゾウ化石についての論文を発表し、その中に近江の龍骨が含まれていました。

この論文によって、近江の龍骨の正体が「ステゴドン（*Stegodon*）」であると特定されます。

ステゴドンはゾウ類ではありませんが、ゾウ類に近縁のグループに属します。70年前の小原による「すべての龍骨はゾウの化石骨」という指摘は、ほぼ正しかったということになります。

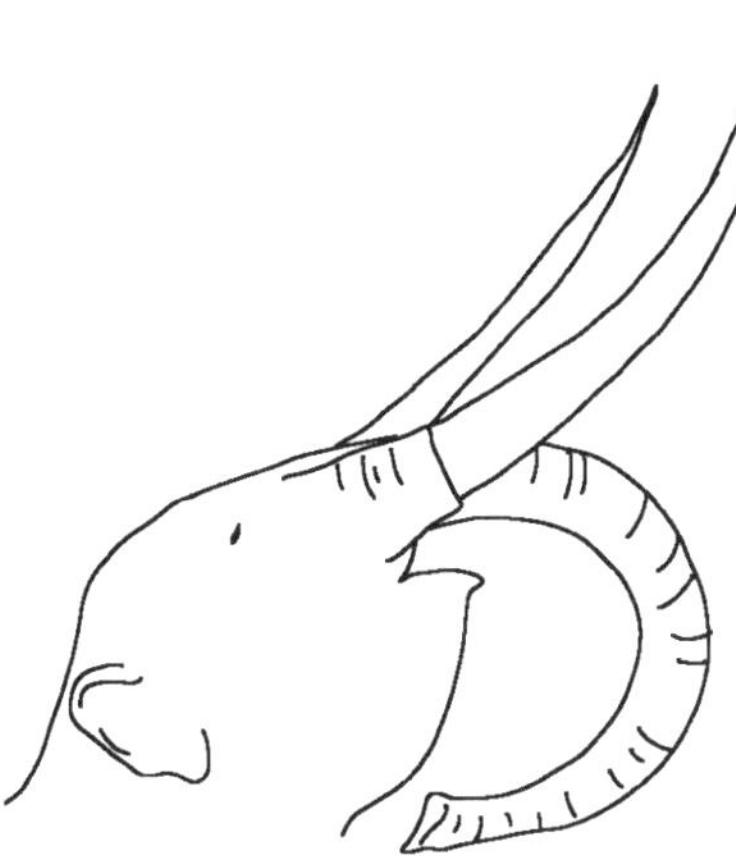

竜骨図と同じあごの角度で復元したステゴドン・オリエンタリス。竜骨図のツノは、本種の牙だった可能性も指摘されている。あるいは、共産したシカ類の化石だったともいわれている。

現在では、近江の龍骨はステゴドンの中でも、「ステゴドン・オリエンタリス（*Stegodon orientalis*）」という種のものであるとわかっています。ステゴドン・オリエンタリスには「トウヨウゾウ」という和名があります。日本列島だけではなく、中国にも生息していたグループです。日本には他にも数種のステゴドンが暮らしていたことが知られており、「ミエゾウ」の和名をもつ「ステゴドン・ミエンシス（*Stegodon miensis*）」や、「アケボノゾウ」の和名をもつ「ステゴドン・アウロラエ（*Stegodon aurorae*）」などが有名です。

かつて日本には全国各地に、ゾウ類やその近縁の仲間たちが棲んでいました。小原が指摘したように、そうした動物の化石が、龍の骨としてあつかわれていたとみられています。

一つ眼巨人の正体は、……ゾウの化石？

遠い昔、ギリシアにて

化石が「太古に生きていた生物の遺骸」であるとわかり、「地質学や生物学などの知識を使ってその正体を解き明かしていこう」という試みが行われるようになったのは、そう昔のことではありません。

そもそも「進化」という考えが普及し始めたのも、19世紀の半ばから。それまで、化石の正体はよくわかっていませんでした。

古生物学が普及するまでに見つかった化石は、**ドラゴンやユニコーンなどの骨として扱われることも**ありました。

世界には、化石を怪異的なものと関連づけた話がたくさんあります。

今回は、そうした怪異と古生物にまつわる話の中から、「キュクロプス」についての話を紹介しましょう。古生物学に関わる人々の間では、「鉄板ネタ」として知られる〝小噺〟

です。

キュクロプスは、紀元前につくられた古代ギリシア世界の物語に登場する巨人です。ギリシア世界最古の大英雄叙事詩とされる『オデュッセイア』や、ギリシア神話の原典ともされる『神統記』などに登場します。

曰く、その姿は山々の峰を抜きん出るような巨体で、顔を見ると額の中央に眼が一つだけ。そして、どうやら「キュクロプス」という名前は特定の個体ではなく、種族を指してのものとして扱われているようです。ちなみに、英語の発音を参考に日本語では「サイクロプス」と表記されることもあります。

ゾウを知らなければ……

一つ眼の巨人、キュクロプス。

その正体とみられているのは、ずばり、ゾウ類の化石です。

ゾウ類の頭骨を見れば、多くの方に納得していただけることでしょう。ゾウ類の頭骨には、額の中央にぽっかりと大きな穴が一つ開いているのです。

古代ギリシアの人々が、この穴を「眼窩（眼球が入る穴）」と考えたのはそれほど不思議なことではありません。何しろ、私たちヒトの眼窩は正面以外は骨で囲われており、同じようにゾウ類の額の穴も骨で囲われているのです。

もちろん、この穴は眼窩ではありません。

ゾウ類の額の中央にある穴。それは「鼻孔（鼻の穴）」です。ゾウ類にとっての眼窩は、顔の両脇に小さく存在します。ヒトのそれのように、周りは骨で囲われているわけではありません。

私たちが、ゾウ類の頭骨を見て、眼窩と鼻孔を正しく特定できるのは、もちろん、ゾウ類の現生種を見ているからです。現在生きているゾウ類を見て、その構造と頭骨のつくりを知っています。だからこそ、ヒトと異なる位置にあったり、大きさが違ったりしても、それが眼窩や鼻孔であると理解できるのです。

もしも、生きているゾウ類を知らなければ、どうでしょうか？

果たして、あんなに鼻が長い大きな哺乳類を正しく思い浮かべることができるでしょうか？

古代のギリシアには、ゾウ類はいませんでした。ひょっとしたら、一部の裕福な人々は、

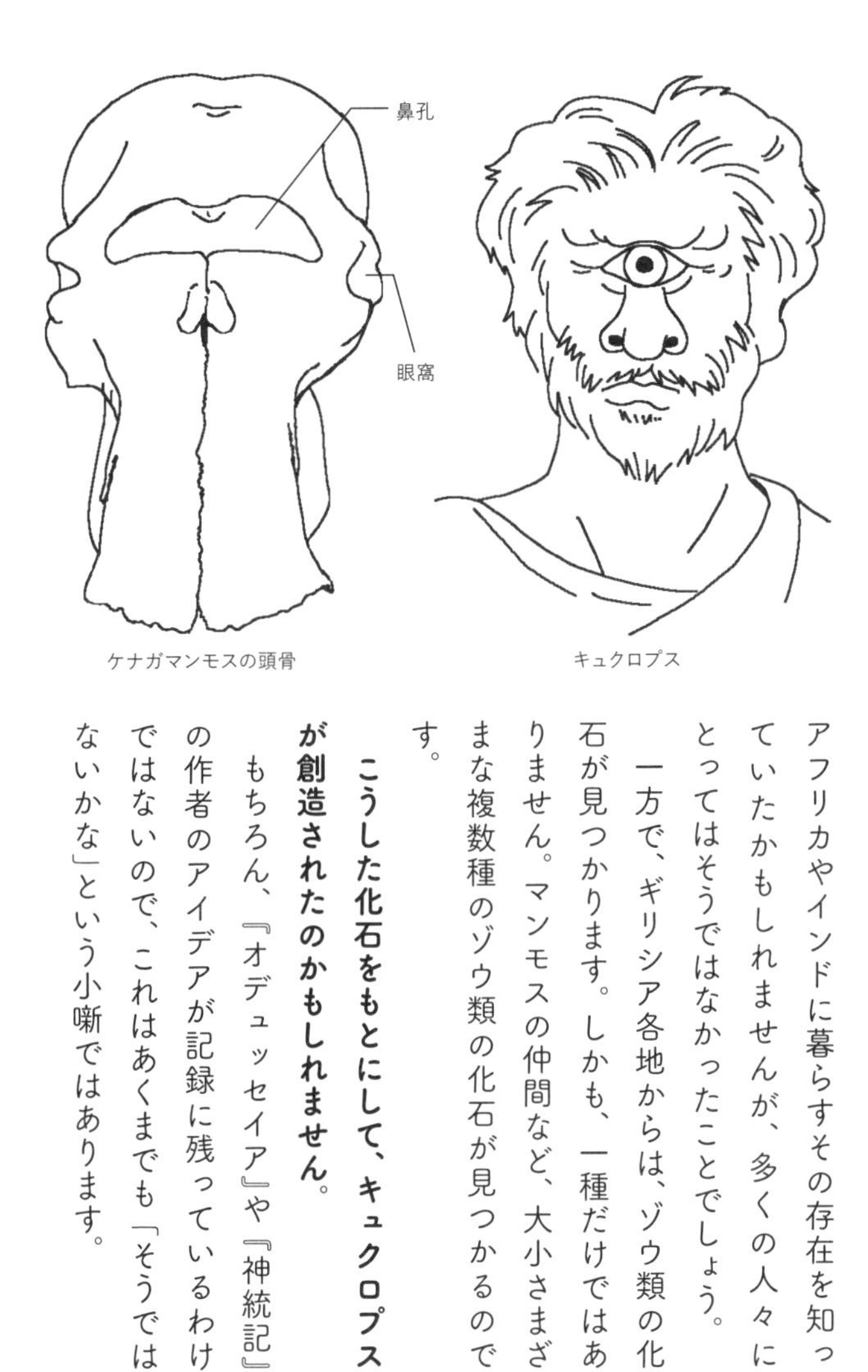

ケナガマンモスの頭骨　キュクロプス

アフリカやインドに暮らすその存在を知っていたかもしれませんが、多くの人々にとってはそうではなかったことでしょう。

一方で、ギリシア各地からは、ゾウ類の化石が見つかります。しかも、一種だけではありません。マンモスの仲間など、大小さまざまな複数種のゾウ類の化石が見つかるのです。

こうした化石をもとにして、キュクロプスが創造されたのかもしれません。

もちろん、『オデュッセイア』や『神統記』の作者のアイデアが記録に残っているわけではないので、これはあくまでも「そうではないかな」という小噺ではあります。

日本にもいた〝一つ眼怪異〟

ゾウ類の化石は、なにもギリシアだけで見つかるわけではありません。

現在でこそ、アフリカやインドなどの限られた地域にしか生息していないゾウ類ですが、**かつて世界中に生息し、その化石は世界の各地で発見されています。**

日本も例外ではありません。「ケナガマンモス（*Mammuthus primigenius*）」や「ナウマンゾウ（*Palaeoloxodon naumanni*）」などのゾウ類、そして、ゾウ類に近縁の長鼻類である「アケボノゾウ（*Stegodon aurorae*）」、「トウヨウゾウ（*Stegodon orientalis*）」などの化石が見つかっています。

では、日本人はこうした化石をもとに怪異を生み出さなかったのでしょうか？

実は、日本にも、大きな一つ眼をもつ怪異がいるのです。

たとえば、「目一つ坊」。いわゆる一つ目小僧と違い、袈裟を着た大人の妖怪で、頭部が縦に長く、その額に一つだけ眼があります。

ゾウ類やその近縁種の頭骨も正面から見れば縦に長い。ここにゾウ類やその近縁種の頭骨と目一つ坊との間の妙な共通点があります。

先に挙げたゾウ類の化石の中で、ナウマンゾウは日本各地から見つかることで知られています。

もちろん、ナウマンゾウと目一つ坊を関連づける具体的な学術的証拠があるわけではありません。しかし、こうした奇遇は、とても楽しいと思いませんか?

世界にはさまざまな伝説や伝承、怪異があります。ふとしたときに「この話の〝元ネタ〟は、古生物じゃないかな」と考えてみることは、知的な推理ゲームとしてもおすすめなのです。

〝本当の姿〟はどれ？　復元が二転三転した古生物たち

上下逆転、前後反転した「幻惑させるもの」

古生物の姿は、化石をもとに復元されます。しかし、死んだ生物の全身が、まるっと完全に化石になる例はほとんどありません。そのため、古生物が生きていたときの姿は、部分的な化石から推理を重ねて復元していくことがほとんどです。

古生物の復元は、研究の成果の一つです。

したがって、研究が進めば、その姿が変更されることも珍しくありません。

研究の進展で復元が変わることに慣れている研究者であっても、「マジか！」というような変更も時にはあるのです。そうした〝変化の激しかった古生物〟の中から、2種類の動物を紹介しましょう。

まず、一つ目は、「**ハルキゲニア**（*Hallucigenia*）」。今から、およそ5億500万年前、古生代カンブリア紀のカナダに生息していた動物です。このとき、カナダの一部は海に沈んでおり、ハルキゲニアも海棲動物でした。全長3センチメートルほどで、チューブのようなからだをもっていました。

1977年、ハルキゲニアの最初の復元が発表されました。

その姿は珍妙そのもの。チューブ状のからだの一端は、大きく膨らんで頭のようになっていました。からだの下には、まるでトゲのように鋭く尖ったあしが7対14本。そして、背中にはふにゃふにゃと曲がる触手が複数本、1列になって並んでいました。実に不思議な動物です。

当時の研究者の困惑は、ハルキゲニアという名前にも表れています。これは、「**幻惑させるもの**」という**意味**なのです。

1990年代になると、この復元像が再検討されます。研究者が改めて背中の触手部分を詳しく調べたところ、1列ではなく2列あり、その先端に爪があることがわかったのです。

2列あって、爪がある。このことから、触手と思われていたのは、あしであることが明らかになりました。1977年の復元で「トゲのように鋭く尖ったあし」は、あしではなく、単純に「トゲ」だったのです。

つまり、**1977年の復元は、上下が逆だった**わけです。

その後、頭のように膨らんでいるとみられていた部分は、ハルキゲニアの本体ではないことも指摘されるようになりました。もともとこの構造は、からだの一端に丸く広がった「黒いシミのようなもの」がみられたことから解釈されていたのですが、研究の結果、これはからだの一部ではなく、本当に「シミ」であることがわかったのです。どうやら化石になる際に、ハルキゲニアの体液が染み出てできたシミのようです。

そして2015年。ケンブリッジ大学（イギリス）のマーティン・R・スミスさんと、ロイヤル・オンタリオ博物館（カナダ）のジーン＝バーナード・カロンさんたちの研究によって、今度は、からだの一端に眼と歯があることがわかりました。これはシミのある端とは逆の端です。眼と歯があるということは、そこが頭であるということです。

つまり、1977年の復元で、頭のようにみえていた部分はシミに過ぎず、その逆方向に頭があったということになります。

ハルキゲニアの復元の変遷

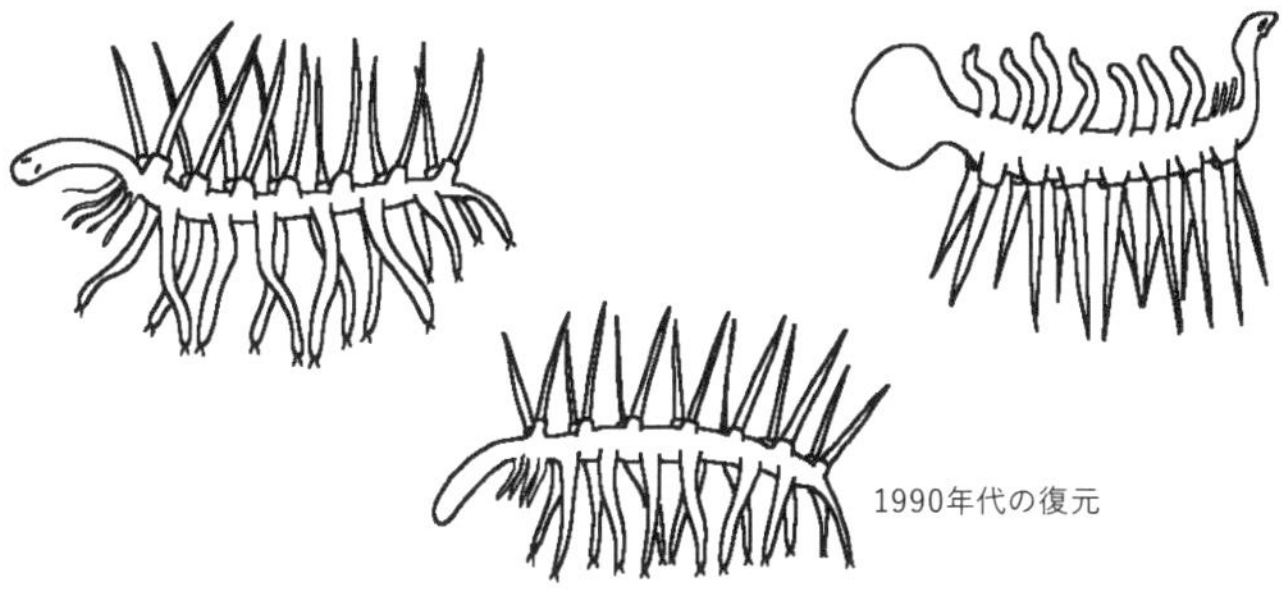

2015年の復元

1977年の復元

1990年代の復元

モンスターの謎は解けたと思ったけれど……

アメリカのイリノイ州には、「メゾンクリーク」と呼ばれる化石産地があります。メゾンクリークからは、およそ3億1000万年前の古生代石炭紀後期に生きていた水棲動物の化石が見つかります。ただし、その多くはからだの概形がわかるだけで、細部まではほとんど残っていません。一方で、クラゲのような全身がやわらかく、他の産地では化石にならないような動物の化石も残っていることで知られています。

メゾンクリークから見つかる動物化石の中に、「**ツリモンストラム**（*Tullimonstrum*）」と呼ばれるものがいます。1966年に報告されて以来、その姿は実に珍妙な動物として描かれてきました。全長35センチメートルほど。平たく細長い胴体をもち、からだの前端は細く長く伸びて、その先はハサミのようになっています。細く長く伸びる部分の付け根付近では、細い軸が左右に伸びていて、その先に眼がありました。そしてからだの後端には大きなひれが確認されています。なんとも謎の姿。分類不明。生態も不明。発見者のフランシス・ターリーさんにちなんで「ターリーモンスター」と呼ばれてきました。

最初の報告から半世紀が経過した2016年、**この謎の動物は、実は魚である、という論文が発表されました**。

イェール大学(アメリカ)のヴィクトリア・E・マッコイさんたちが、1200を超えるツリモンストラムの標本を調べ、その体内に「脊索」「軟骨」「鰓」があることを見出したのです。こうした特徴は、「無顎類」と呼ばれる魚がもつ特徴でした。

マッコイさんたちの論文のタイトルは、ずばり「『The 'Tully monster' is a vertebrate』(「ターリーモンスター」は脊椎動物だ)」というものでした。

このときマッコイさんたちが発表した復元図は、それまでのツリモンストラムのイメージを一新させたものでした。基本的なつくりは変わらないものの、横に平たいとされていたからだは「縦に平たい」形状に変更されました。これは、多くの魚のからだが縦に平たいからです。そして、からだの脇には、同じ無顎類のヤツメウナギがもつような

「ターリーモンスターの復元」

サカナバージョン

鰓孔が描かれたのです。

しかし、2017年になって、ペンシルヴァニア大学（アメリカ）のローレン・サランさんたちが、「THE 'TULLY MONSTER' IS NOT A VERTEBRATE」（「ターリーモンスターは脊椎動物ではない」）という論文を発表しました。

サランさんたちは、マッコイさんたちの挙げた脊椎動物としての数々の証拠を否定し、マッコイさんたちの研究結果は〝誤認である〟としたのです。

この結果、**ツリモンストラムは、再び謎のモンスターとして扱われるようになりました。**サランさんの所属するペンシルヴァニア大学は当時、次のようなプレスリリースを発表しています。

「'Tully Monster' Mystery Is Far From Solved」（「ターリーモンスター」のミステリーは、解決からはほど遠い）

恐竜化石をめぐって、殴り合い？古生物学史上に名高い「骨戦争」とは

古生物学史上稀に見る鬼才

「カマラサウルス（*Camarasaurus*）」という恐竜がかつてアメリカにいました。小さな頭、長い首と長い尾をもち、四足歩行をする植物食恐竜のグループである竜脚類に属します。全長は14～18メートル。季節による渡りを行なっていたともされています。図鑑を開けば載っている、多くの博物館でも展示されている恐竜です。

この恐竜を最初に研究し、命名した人物の名前をエドワード・ドリンカー・コープといいます。19世紀に活躍したアメリカの古生物学者です。

コープは「古生物学史上稀に見る鬼才」と呼ばれるほどの研究者でした。

1840年に生まれ、24歳でハーバーフォード大学で教鞭をとり、その後、フィラデルフィア科学アカデミーと協力して活動したり、ペンシルヴァニア大学の教授になったり

しています。生涯で発表した学術論文は、1200本を超えるというツワモノです。冒頭で紹介したカマラサウルスだけではなく、魚の仲間や爬虫類、哺乳類についても多くの実績を残しています。彼の〝現役期間〟は、約33年間でしたから、平均して1年に36本以上、1か月に3本以上の論文を書いていたことになります。

古生物学においては「生物はからだのサイズが小さな祖先から生まれ、しだいに巨大化していくものが多い」という法則（経験則）が知られています。この法則を提唱したのもコープです。

そんな鬼才の名前は、同世代のある研究者との間に勃発した恐竜化石発掘競争の当事者としても歴史に残されています。

机上の古生物学者

コープとともに恐竜化石発掘競争を展開した人物とは、オスニエル・チャールズ・マーシュです。こちらもアメリカの古生物学者です。ジュラ紀の大型肉食恐竜として知られる「アロサウルス（*Allosaurus*）」や背中に骨の板を並べ、尾の先には鋭いトゲを4本もっていた植物食恐竜「ステゴサウルス（*Stegosaurus*）」、頭部に3本のツノをもち、後頭部に広いフリルをもつ植物食恐竜「トリケラトプス（*Triceratops*）の命名者として知られています。

マーシュは、コープよりも9年早く生まれました。裕福な家系だったようで、叔父の寄付でつくられたイェール大学ピーボディ自然史博物館の教授に若くして就任。叔父の資金援助によって、毎年のように化石発掘隊を組織して派遣しています。その一方で、自身が化石の発掘調査に出かけたことは生涯にわずか4回だったとされるため、「机上の古生物学者」とも呼ばれています。

現在では、鳥類は恐竜類の中の1グループと考えられていますが、19世紀の時点でマーシュは「鳥は恐竜の子孫である」と主張していました。

殴り合いの競争

同時代を生きていた二人の優秀な古生物学者は、両者とも豊富な資金力をもっていたこと、そして、けっして自分の誤りを認めなかったということで知られています。

オスニエル・チャールズ・マーシュ
1831-1899

エドワード・ドリンカー・コープ
1840-1897

そして、この二人は歴史に記録されるほどに仲が悪かったのです。

ただし、初めから仲違いをしていたわけではなさそうです。きっかけは何だったのでしょうか。

2015年に刊行された『恐竜学入門』(東京化学同人刊行)などによれば、マーシュがコープ直属の化石ハンターを引き抜いたことが契機だったとされています。その化石ハンターが発見・発掘した化石は、それまでコープのところに送られていたものの、その後は、マーシュに送られるようになったとのこと。

また、1870年にコープが発表したクビナガリュウ類(首長竜類)の化石について、マーシュはそれを〝意地悪く〟指摘したとのこと。このときコープは、自分の誤った研究が掲載された学術誌を買い占めようとしたところ、マーシュはけっしてそれを売らなかったということもあったそうです。

当時、アメリカ中西部では「モリソン層」と呼ばれる約1億5500万年前から約1億4800万年前（ジュラ紀後期）の地層が発見されたばかりでした。

モリソン層は、南北1000キロメートル以上、東西800キロメートル以上、東日本がすっぽりと入る広さのある地層です。しかし、これだけ広くても、地層が地表に露出している場所はけっして多くはなく、主要な化石産地は6か所ほどです。

マーシュとコープの化石発掘競争は、このモリソン層を舞台にして行われました。より多くの化石を発見し、より早く研究を行い、そして相手より先に新種と認定して名付けていく。そうした競争が行われたのです。

マーシュとコープの化石発掘競争が行われるよりも前は、アメリカ産の恐竜の種数は一桁台しか知られていませんでした。

しかし、マーシュとコープによって、実に130種の新種恐竜が報告されるに至ります。彼らの功績がいかに大きかったのかを物語る数字です。

ただし、これは〝純粋な化石発掘競争〟ではありませんでした。なにしろ、この競争は「骨戦争」と呼ばれているのですから。

この物騒な名称は、化石発掘競争が平和裏に行われていなかったことに由来します。互いの発掘隊をスパイすることは当たり前。相手の発掘現場に侵入して、発掘中の化石を叩き壊し、殴り合いの喧嘩をしたこともあったとか。

マスコミもこの骨戦争に注目し、煽りに煽ったようです。

19世紀を代表する二人の優秀な古生物学者による、大人気ない争いは、結局マーシュが死ぬまで続きました。最も、晩年は予算も潤沢ではなく、こうした争いが何も生み出さないと知っていた新世代の研究者の台頭によって、二人の評判には陰りが見えていたそうです。

骨戦争は130種の新種恐竜を見出しましたが、実は研究が不十分であるものが多く含まれていました。現在もなお有効とされるのはこのうちの28種ほどとされています。

第2章 ― 覇権を握った古生物

恐竜台頭前夜、地上の〝覇権〟を握っていたのは、哺乳類の親戚たちだった！

2億5000万と少し前の時代にいた親戚たち

知られている限り最も古い哺乳類は、今から2億2000万年ほど前の中生代三畳紀後期には登場していたとみられています。この哺乳類は、厳密にいえば、より広い意味の哺乳類である「哺乳形類」というグループに属する種で、見た目は現在のネズミともリスともいえないような姿。手の平サイズの小さなコでした。

最古の哺乳類が登場したとき、すでに初期の恐竜類が出現していました。そもそも約2億5200万年前にはじまり、約6600万年前までつづいた中生代という時代は、**陸の恐竜類をはじめとして、空には翼竜類、海には魚竜類やクビナガリュウ類など、さまざまな場面で爬虫類が繁栄を極めた時期**でした。誤解を恐れずに書いてしまえば、この時代、動物たちの主役は爬虫類で、哺乳類は脇役だったのです。

ディメトロドン（*Dimetrodon*）
群馬県立自然史博物館所蔵標本
（Photo：安友康博／オフィス ジオパレオント）

そんな中生代が始まる直前の時代が「古生代ペルム紀」です。

ペルム紀は約2億9900万年前にはじまり、約2億5200万年前まで続きました。この時代には、恐竜類はまだ現れていません。翼竜類や魚竜類などもいません。爬虫類の〝繁栄〟はまだ始まっていないのです。

主役の座は〝哺乳類の親戚〟のものでした。

ペルム紀には哺乳類（哺乳形類）はまだ出現していません。哺乳類は、より広い分類群として、「単弓類」というグループに属しています。**ペルム紀に繁栄していたのは単弓類の仲間たち**です。

当時の代表的な単弓類を紹介しましょう。

ペルム紀という時代は、前半と後半で地

球の気候が大きく変わったことが知られています。前半は寒冷、後半は温暖でした。

前半の寒冷な時代に栄えた単弓類の中で、代表選手ともいえるのは「**ディメトロドン**（*Dimetrodon*）」です。全長3・5メートル。がっしりとした顎と大きな牙をもっていました。

ディメトロドンの最大の特徴は、背中にある「帆」です。これは、背骨の一部が細く長く伸びて芯をつくっていたもので、その芯の内部には血管があったとみられています。そのため、帆を日光に当てることで血液を温め、短時間で自分の体温を高めることができたようです。

寒冷な時代の、たとえば早朝など、他の動物たちがまだ活発に動けない時間帯に、ディメトロドンはいち早くからだを温めて動き出すことができたことになります。まさしく「早起きは三文の徳」。生存競争の中でどれだけ優位に立つことができたのかは、推して知るべし、ですね。

気候が温暖なペルム紀の後半になると、帆をもつ単弓類はいなくなりました。

新たに台頭した単弓類は、「イノストランケヴィア（*Inostrancevia*）」とその仲間たち。イノストランケヴィアの全長は、ディメトロドンと同等の3・5メートル。現在のオオカミを彷彿とさせる長い吻部に、がっしりとした長い牙をもっていました。

イノストランケヴィア（*Inostrancevia*）
佐野市葛生化石館所蔵
（Photo：安友康博／オフィス ジオパレオント）

ディメトロドンもイノストランケヴィアも、当時最大級の肉食動物です。私たちの祖先の親戚筋にあたるような動物が、地上を我が物顔で闊歩していたことになります。

運命を変えた、史上最大の大量絶滅

爬虫類何するものぞ。単弓類は他のグループを圧倒する〝力〟をもっていました。

ペルム紀の地上を〝支配〟していた単弓類。そのまま時間が経過すれば、ひょっとしたら、もっと早い時期に哺乳類が登場したかもしれません（あるいは、哺乳類が登場しなかった可能性もあります）。

しかし、史実ではそうはなりませんでし

た。

今からおよそ2億5200万年前に「史上最大」と呼ばれる大量絶滅が勃発したからです。

このとき、世界中の陸と海で多くの動物たちが滅びました。2016年にハワイ大学（アメリカ）のスティーヴン・M・スタンレイさんが発表した試算によると、当時、**海にいた種の約81パーセントが滅んだ**とのことです。スタンレイさんの研究では、陸の絶滅率についてはいませんが、世界各地の化石産地の情報をまとめた『EVOLUTION OF FOSSIL ECOSYSTEM』（著：ポール・セルデン、ジョン・ナッズ）の第2版によると、ある地域で約69パーセントの種が滅んだとされています。

81パーセントと69パーセントです。壊滅的、といえるでしょう。

絶滅の原因に関しては、諸説発表されており、現時点で世界中の研究者が支持するような〝定説〟はまだありません。謎に包まれているのです。

この大量絶滅は、動物の歴史を二分するものとして知られています。研究者たちは、この大量絶滅よりも前の動物群を「古生代型」と呼び、事件よりも後の動物群を「現代型」と呼ぶほどです。ペルム紀の地上世界の主役だった単弓類は、この大量絶滅の影響をダイレクトに受けました。

その後の2億5200万年間

ペルム紀末の大量絶滅を境に、時代は古生代から中生代へと移ります。

中生代は古い方から三畳紀（約2億5200万年前〜約2億100万年前）、ジュラ紀（約2億100万年前〜約1億4500万年前）、白亜紀（約1億4500万年前〜約6600万年前）の三つの時代に分けられます。

このうち、最初の時代である三畳紀にこそ、単弓類は4メートル級の種が存在しましたが、その後は1メートル級でさえ、ほとんど確認されなくなりました。三畳紀の4メートル級も植物食性であり、〝狩られる側〟でした。時代の主役は、恐竜類を中心とした爬虫類へと移っていたのです。

単弓類が再び生態系の上位へと返り咲くには、約6600万年前の大量絶滅を待たなくてはいけませんでした。この事件で恐竜類をはじめとする爬虫類の多くが滅んだ後、単弓類の生き残りである哺乳類がその勢力を拡大することになるのです。

〝史上最初の覇者〟アノマロカリスを知ってほしい

遠い遠い昔、ほとんどの動物は手のひらサイズだった

約5億4100万年前から約4億8500万年前は、「古生代カンブリア紀」という時代です。カンブリア紀は、本格的に化石が残るようになった最初の時代として知られています。

この時代の化石は、そのほとんどが小型です。

たとえば、三葉虫類。学校の理科の教科書に登場するこの動物は、カンブリア紀とその次の時代であるオルドビス紀に最も栄えました。

そのサイズは、ほとんどの種が10センチメートル以下。10センチメートル以上の種もいるにはいましたが、けっして多くはありません。数十センチメートルサイズともなれば、かなり稀でした。

カンブリア紀には、「最古の魚」も出現していました。

最古の魚ということは、私たちの遠い祖先かもしれない動物です。その大きさは、といえば……読者のみなさま、自分の親指をご覧ください。サムズ・アップをしていただいても良いと思います。

はい。ご協力ありがとうございます。その**親指の半分ほどのサイズこそが、最古の魚の大きさです**。

知られている化石をみる限り、カンブリア紀の動物たちはみな水棲で、その大きさは私たちの手のひらサイズがほとんど。親指とまではいかなくても、人差し指サイズの動物も少なくありませんでした。

異様なまでに大きく、異様なまでに眼の良い狩人

そんな〝小型動物ばかりの世界〟で、全長1メートルというずば抜けたサイズをもつ動物がいました。

その名は「アノマロカリス・カナデンシス（*Anomalocaris canadensis*）」。

ナマコのようなからだの両脇には多数のひれが並び、頭部には大きな眼が二つありま

した。そして頭部の先端からは大きな2本の〝触手〟が伸びており、その触手の内側には三つ叉の鉾のような鋭いトゲが並んでいます。

全長1メートルというサイズがいかに異様であるのか、現在のスケール感に置き換えてみると実感できると思います。

アノマロカリス・カナデンシスの化石が見つかっている地域からは、最古の魚ではないにしろ、魚のような動物の化石も見つかっています。この〝魚〟のサイズが7センチメートルほどです。

この〝魚〟を基準にして考えると、アノマロカリス・カナデンシスは実に14倍の長さになります。

あなたの身長を14倍にしてみてください。たとえば、身長160センチメートルであれば、その14倍は22メートルになります。

全長22メートルの動物を陸で探すと、現在の地球には匹敵するサイズの動物は存在しません（なにしろ、かのティラノサウルス（*Tyrannosaurus*）よりも10メートル前後も大きいのです）。海棲動物でいえばナガスクジラの大きさに相当します。

想像してください。

カンブリア紀の“超大型ハンター”アノマロカリス

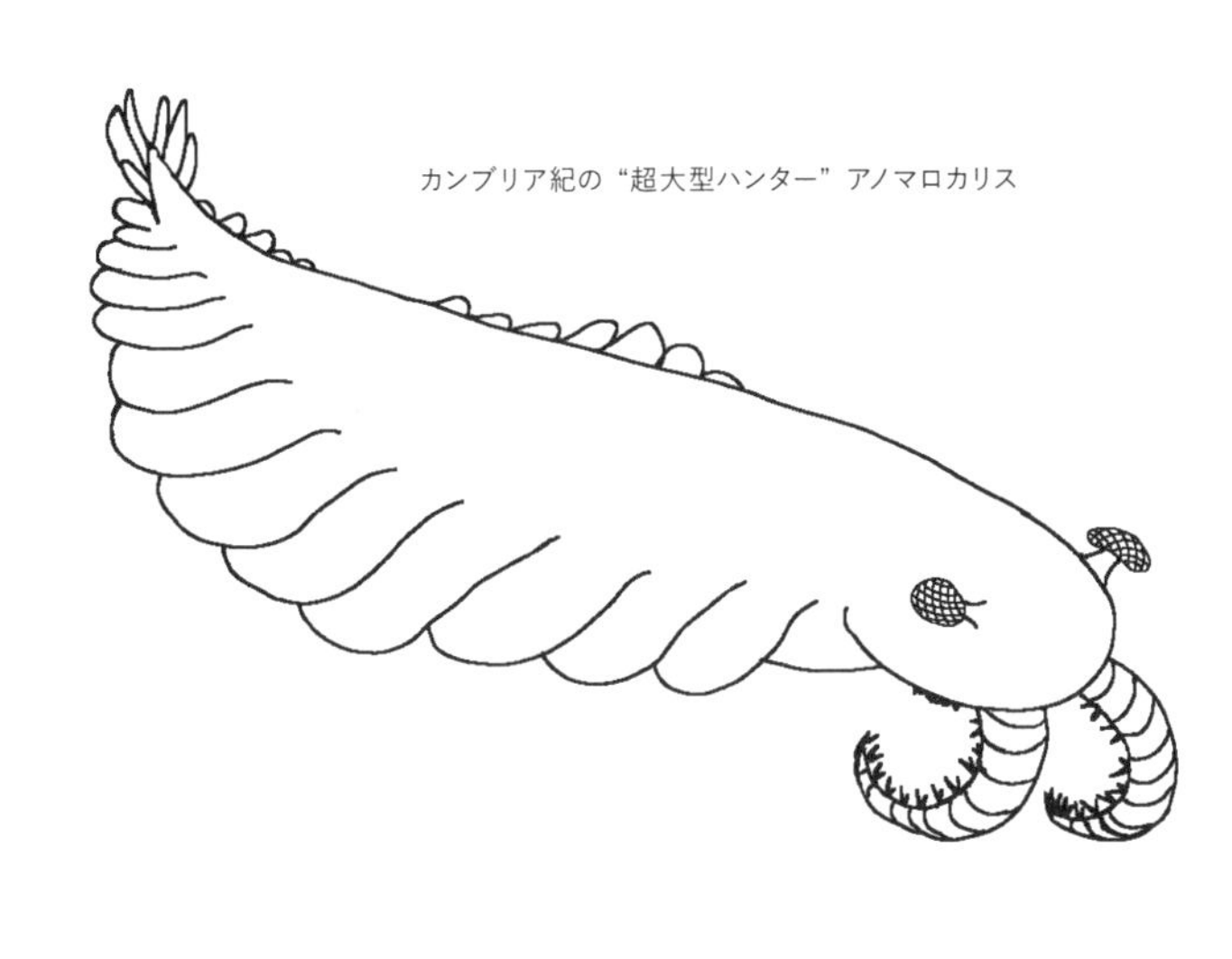

あなたがゆったりと海を泳いでいたら、ナガスクジラ級のからだをもつ狩人が襲来する光景を。その〝ナガスクジラ〟はトゲのついた触手をもっており、頭部には大きな眼があるのです。

しかもこの眼は頭部に直接ついているのではなく、自在に動く柄の先にありました。自在に動くということは、たとえば柄を左右に倒すことでまるでウマのように広い視界を確保することができ、獲物の探索に最適となります。

そして、襲撃時には柄を前に倒せば、左右の眼の視界が重なって立体視ができることになります。ライオンやトラ（ヒトもですが）のように、獲物までの距離が掴みやすくなるのです。

さらにこの眼は、とんでもなく高性能だったことが指摘されています。

アノマロカリスの眼は、**小さなレンズが集まってできる「複眼」でした**。これは現在でいえば、昆虫やクモなどと同じです。

基本的に複眼は、構成するレンズの数が多ければ多いほど高性能なものとなります。レンズの数はカメラの解像度のようなもので、景色を正確にとらえることができるだけではなく、素早く動くものも認識できるようになります。

ニューイングランド大学（オーストラリア）のジョン・R・パターソンさんたちが、2011年にアノマロカリスの眼の化石ついて報告しています。これによれば、その複眼を構成するレンズの数は1万6000個以上もあったとか。

現在の動物がもつ一般的な複眼のレンズの数は数千個といわれていますから、アノマロカリスの眼がいかに〝異様〟だったのかがよくわかります。

しかも、2018年にクイーンズ大学（カナダ）のK・A・シェパードさんたちが発表した研究では、アノマロカリスの遊泳能力で旋回能力に優れていたとか。

大きなからだで、眼も高性能。そして素早く動き回る。アノマロカリスはかなり優れた

（恐ろしい）ハンターだったのです。

覇者の意外な〝弱点〟

カンブリア紀の海において、向かうところ敵なしの圧倒的強者。しかし、そんなアノマロカリスも〝完璧な狩人〟とはいえなかったようです。

2009年のアメリカ地質学会で、デンバー自然科学博物館（アメリカ）のジェームズ・W・ハガードンさんがコンピューターを用いてアノマロカリスの口の噛む力を計算し、発表しました。計算の結果は、**硬いものは噛めなかった**だろうということでした。

この場合の「硬いもの」とは、エビのもつキチン質の殻のレベルを指していました。……つまり、私たちの感覚では「さほど硬いとはいえないもの」も、噛めなかったのです。

アノマロカリスには〝襲えない獲物〟も少なからずいたことになります。

史上最初の覇者でありながら、でも、どことなく憎めない特徴もあり。ぜひ、この機会に、このコの名前を覚え、広めてあげてください。

〝躍進のトリガー〟は「眼」だった？

カンブリア紀前の〝楽園〟

約5億4100万年前に始まった古生代カンブリア紀から、生物の化石が本格的に地層の中に残るようになります。

ただし、カンブリア紀が始まる前の世界に生物がいなかったわけではありません。実際、硬貨サイズから座布団サイズまで、さまざまな大きさの化石が、約5億4100万年前よりも前の時代にできた地層から見つかっています。とくに5億7500万年以降の化石は、世界各地から報告されています。

こうした生物は、基本的には海棲でした。生命はカンブリア紀のはじまりよりも30億年以上前には登場しました。そして、そのときからずっと海の中で進化を重ねてきたのです。植物や動物の上陸が本格化するのは、カンブリア紀が始まった後もかなりの歳月の経過を待たねばなりません。

さて、**カンブリア紀が始まるよりも前の生物には、現在の動物の常識からみれば、さまざまな特徴が欠けていました。**

たとえば、「硬い殻」です。

カンブリア紀よりも前の生物には、身を守るために有効な硬い殻をもつものがいませんでした。

たとえば、「鋭いトゲ」です。

カンブリア紀以降の動物たちには、身を守るためのトゲをもつものが少なからずいます。しかし、カンブリア紀よりも前の生物には、そうした硬いトゲをもつものがほとんど確認されていません。

硬い殻、硬いトゲ、つまり、「硬組織」をもつものが、少なくとも私たちの眼に見えるサイズでは、カンブリア紀よりも前の海にはほとんどいなかったのです（顕微鏡レベルの小さなものはいました）。

硬組織だけではありません。

「あし」や「ひれ」といった〝移動手段〟をもつものもほとんどいませんでした。こうした移動手段がなければ、迅速に動き回ることはできません。

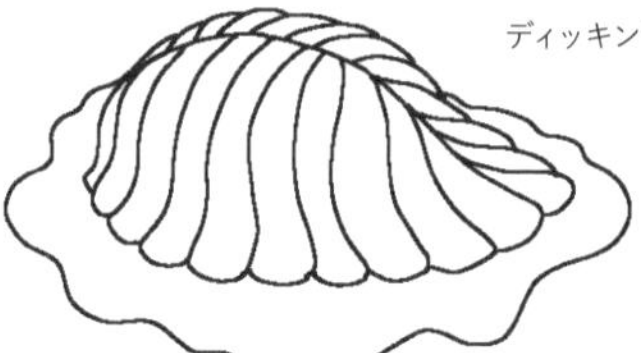

カンブリア紀以前の生物の一つ
ディッキンソニア

カンブリア紀を代表する動物
アノマロカリス
（117ページとは別種）

「口」についてもよくわかっていません。残された化石から、はっきりと「ここが口！」とわかるような構造が特定できていないものばかりです。

また「眼」も確認されていません。

つまり、カンブリア紀が始まるよりも前の海にいた生物は、景色を見ることはなく、すばやく動くこともせず、獲物を狩ることも、獲物を噛み砕くことも、天敵から逃げることとも、積極的には行っていなかった（行えなかった）とみられています。

なんとも〝平和な時代〟です。

この時代のことを旧約聖書のエデンの園にちなみ、「エディアカラの楽園」と呼ぶことがあります。「エディアカラ」とは、カンブリア紀の前の地質時代の名前であり、この時代を代表する化石が最初に本格的に報告されたオーストラリアの丘陵に由来します。

眼の誕生がすべてを変えた

117ページで紹介したアノマロカリス（*Anomalocaris*）や211ページの三葉虫などに代表されるように、カンブリア紀以降に出現する動物たちには、硬組織をもつもの、あしやひれをもつもの、口をもつもの、眼をもつものなどがたくさんいます。

「こうした特徴の中で、**最も重要な点は眼である**」

大英自然史博物館のアンドリュー・パーカーさんは、2003年にそう論じた本を発表しました。この本は2006年に邦訳版も刊行され、『眼の誕生』という書名がついています。

眼をもたない生物たちの世界から、眼をもつ動物たちの世界へ。カンブリア紀以降、眼ができたことだけで、いっきに進化が進んだ。

ざっくりといえば、これがパーカーさんの仮説の中核です。

眼をもたない生物たちの世界に、突然、眼をもつ動物が誕生したとしましょう。その動物が受ける恩恵にはどのようなものがあるでしょうか？

眼があれば、周りの景色がわかります。自分の食料になりそうな獲物の位置もわかりますし、自分の脅威になりそうな天敵の位置もわかります。

生きていく上で、それはかなり優位にたつことができる特徴です。

では、眼をもつ動物が生まれたのちには、どのような特徴があれば、優位になるでしょうか？

素早く逃げるためのあしやひれをもつものは有利に違いありません。天敵が接近しても、彼らに追いつかれなければ良いのです。

あるいは、硬い殻をもつものがアドバンテージをもつことでしょう。こちらの位置が丸見えでも、攻撃されてもびくともしない防御力があれば良いのです。

では、硬い殻をもつ獲物を襲うためには、どうすれば良いでしょうか？

いろいろと手はありますが、硬い口をもつものは有利となることでしょう。防御力を上回る攻撃力を、というわけです。

それでは、硬い口をもつ天敵に対して、有利なものとは？

こちらもいろいろと手はあります。より硬い殻をもてば有利になりますし、鋭く長いトゲをもち、いかにも〝痛そうな印象〟を与える動物も有利となるでしょう。

素早く逃げる獲物に対しては、それ以上の速度が出せる、あしやひれがあればいい。

そして高速で追いかけてくる天敵に対しては、海底を掘ることができるものや、さらに高速で泳ぐことができるもの、周りの景色に擬態をすることができるものが有利となるでしょう。

こうしてたくさんの「有利」が生まれます。たくさんの有利は、種の多様性の高さを意味しています。これこそが、眼の誕生の〝威力〟なのです。

光を感知する眼がきっかけということで、パーカーさんはこの仮説を「光スイッチ説」と名付けています。

ちなみに、光スイッチ説では、カンブリア紀前にも実は多様な動物はいて、みな化石に残りにくい蠕虫状の動物（ミミズのような動物）だったとしています。しかし、**眼をもつことで、姿形にも多様性が生まれた**、というわけです。

第3章 ― 進化を続けた古生物

翼はもともと「飛ぶため」のものじゃない？

翼をもつものたち

空を自由に飛び回る動物といえば……、もちろん、真っ先に名前が挙がるのは「鳥類」でしょう。

あるいは、コウモリを挙げる人もいるかもしれません。コウモリは私たちヒトと同じ哺乳類で、分類群としては「翼手類」と呼ばれます。

恐竜時代に思いを馳せて「翼竜類」を例に挙げる人もいるでしょうか。鳥類、翼手類、翼竜類。彼らはいずれも翼をもつ動物です。

漢字で書けば、同じ「翼」という文字ですが、この三つのグループの翼はそれぞれ異なるつくりです。

鳥類の翼は、羽毛が変化した羽根が集まってできています。これに対して、翼手類と翼竜類の翼は皮膜でできたもの。

また、鳥類の翼は腕の骨についていて、とくに〝支柱〟はないことに対し、翼手類の翼は手の第2指、第3指、第4指、第5指が支柱としての役割を果たしています。翼竜類の場合は、翼の内部には支柱はないものの、翼の先端を支えているのは腕の骨ではなく第4指の骨です。

こうした翼をもつ動物に関しては、実はその進化について多くの謎があります。最も大きな謎は、「なぜ、彼らは翼をもち、空へ進出するようになったのか？」というものです。

空を飛ぶ動物のからだは、とても軽くできています。骨の軽量化も進んでいます。軽量化されるということは、脆くなるということ。脆くなっているということは化石に残りにくいということです。

この化石の残りにくさが、翼をもつものたちの進化を謎にしてきました。ただし、鳥類については、翼の起源について有力な仮説が提唱されています。

翼をもつ飛ばない恐竜たち

現在では、「鳥類は恐竜類を構成する1グループとして生まれた」という見方が有力です。近年刊行された恐竜図鑑を開くと、そこには鳥類と見紛うような姿の恐竜たちが多く描かれていると思います。それは、羽毛が発見されていることに加えて、鳥類に近縁とみなされた恐竜グループには、小さいとはいえ、翼を加えて復元することが主流となっているからです。

そうです。翼です。

恐竜類の中でも、鳥類に近縁とされるグループの恐竜たちは翼をもっていたとみられています。そのいずれもが獣脚類という中規模のグループに属しています。そして、その多くが全長数メートル以下の小型種です。ちなみに獣脚類というグループには、すべての肉食恐竜が属しています。

一つの例を挙げると、映画『ジュラシック・パーク』や、その続編にあたる『ジュラシック・ワールド』シリーズでおなじみのラプトルのモデルとなった恐竜たちにも、学界では小さな翼をもたせることが主流となっています。

オルニトミムスの成体（左）と幼体（右）

こうした恐竜たちは、翼をもってはいても、飛ぶことはできませんでした。彼らは鳥類よりは原始的な存在とみなされています。つまり、**鳥類のもつ翼は、より原始的な非鳥類型恐竜の段階ですでに備わっていました。**

ただし、もともとは飛ぶためのものではなかったのです。

愛のために

翼があったとされる恐竜たちの中で、「オルニトミモサウルス類」というグループがあります。獣脚類の構成グループの一つであり、翼をもつものとしては最も原始的とされています。一見するとその姿が現生のダチョウに似ている種が多いため、このグループの恐竜は、「ダチョウ型恐竜」と呼ばれることがあります。快足のもち主が多いとされ、「恐竜界最速」とされる種もこのグループの構成種です。

カルガリー大学（カナダ）のダーラ・K・ゼレニツキイさんや北海道大学の小林快次さんたちは、オルニトミモサウルス類の代表ともいえるオルニトミムス（*Ornithomimus*）の化石を詳しく調べ、翼の起源に関する論文を2012年に発表しました。

実は、もともと翼の起源として4つの仮説がありました。ゼレニツキイさんたちは、この仮説について、オルニトミムスの分析から検証したのです。

仮説の1つ目は、翼は飛行のために発達した、というもの。これに関しては、オルニトミムスの例を挙げるまでもなく、翼のある飛べない恐竜がたくさんいますから、否定することができます。もともと翼は飛行のためのものではなかったわけです。

2つ目は、翼は武器だったという仮説。昆虫などをはたき落としたり、トカゲのような小さな動物が逃げないように囲いこんだり……。そんな武器として使っていたのではないか、という仮説です。たしかに、オルニトミムスを含むすべての翼をもつ恐竜が属する獣脚類は、すべての肉食恐竜が属するグループです。しかし、「すべての肉食恐竜が属する」ということは、「属する恐竜がすべて肉食性」ということではありません。実際、オルニトミムスは植物食性だったとみられています。つまり、武器としての翼は必要ありません。

3つ目は、走行時にバランスをとる目的として、という仮説です。快足のオルニトミムスは、たしかに翼があるとバランスをとりやすそうです。しかし、ゼレニツキイさんたちの研究では走り回ることができるほどに成長していても、幼体には翼がなかったことが指摘されました。つまり、走行時のバランスに役立つものではなかったのです。

そして4つ目。繁殖行動のため、です。これは幼体に翼がない理由とも一致します。求愛行動のためかもしれません。少なくとも産んだ卵を保護するため、抱卵するためには役立ったことでしょう。この仮説を否定する根拠は見つかりませんでした。

こうして翼の起源は、繁殖行動……つまり「愛のため」だったという見方が有力となっています。**もともと繁殖行動のために有利だった翼が、その後、飛行にも使われるようになった**、というわけです。

古生物には、こうした当初は別の役割として使われていたものが、進化の結果として役割を変えたとみられるものがいくつもあります。

クジラの祖先は、オオカミみたいな姿をしていた

かつて、クジラは陸にいた

全長30メートルを超えるシロナガスクジラ、2時間かけて深海との往復を果たすマッコウクジラ、ジャンプをする姿が象徴的なハンドウイルカ、ときにサメさえも襲うシャチ……これらはみな、「クジラ類」の一員です。

現在の地球に暮らすクジラ類は、全90種。赤道域から極域まで、海だけではなく河川をもその生息域とし、食べるものも魚の仲間や哺乳類から、オキアミのようなプランクトンまでさまざまです。

そんなクジラ類は、私たちと同じ哺乳類です。卵ではなく子を直接産む胎生で、産んだ子には乳を与えて育てます。彼らは水中に適応すべく進化した私たちの仲間なのです。

クジラ類は、より広いグループである「鯨偶蹄類」の一翼を担っています。このことは文字通り偶蹄類、つまり、**カバやウシなどがクジラ類と近縁である**ことを物語っています。

知られている限りもっと古いクジラ類は、今から約4900万年前のパキスタンに暮らしていました。

その名は、パキスタンのクジラを意味する「パキケタス（*Pakicetus*）」といいます。頭胴長1メートルほどで、長い尾をもっていました。

その姿は、現在のクジラ類とはまったく似ていません。

筆者はかつて科学雑誌『ニュートン』の編集部に勤務していましたが、あるとき、クジラ類の進化に関わる企画を提出したとき（2004年のことです）に、企画書に添えられたパキケタスの復元画を見た編集部員の多くが「え？　クジラって、昔、オオカミだったの？」と口にしたものです。

それほどまでに、パキケタスの第一印象はオオカミと似ています。ただし、オオカミと比べると吻部はしゅっと長くのび、眼はやたらと寄り目がちで高い位置にあり、しっかりとした尾をもっていました。

オオカミは哺乳類の中では「食肉類」というグループに属しており、鯨偶蹄類とはまったく別のグループの動物です。

かつて『ニュートン』編集部の仲間たちがオオカミと間違えたように、パキケタスにはスラリとした四肢が存在します。彼らはこの四肢を使って地上を歩き回り、そして川にも潜っていたとみられています。

最初期のクジラは、半水半陸の動物だったのです。

「サウルス」の名前がつくクジラ

パキケタスの登場後、クジラ類は急速に水中へと〝進出〟していきます。同じ半水半陸の生態ですが、川ではなく海で暮らす種が100万年後に登場し、その1100万年後には完全に水中に適応して、あしではなくひれをもつ種が出現しました。

そうして完全に水中適応したクジラ類の中に、「王のトカゲ」という意味の学名をもつものがいました。

それが「バシロサウルス（*Basilosaurus*）」です。恐竜を彷彿とさせるような名前ですが、バシロサウルスは歴としたクジラ類。それなのに、なぜ「トカゲ」を意味する「サウルス」が使われているかといえば、命名時に爬虫類と勘違いされたからです。

勘違いされて命名されたとはいえ、バシロサウルスは「王（バシロ）」にふさわしいクジ

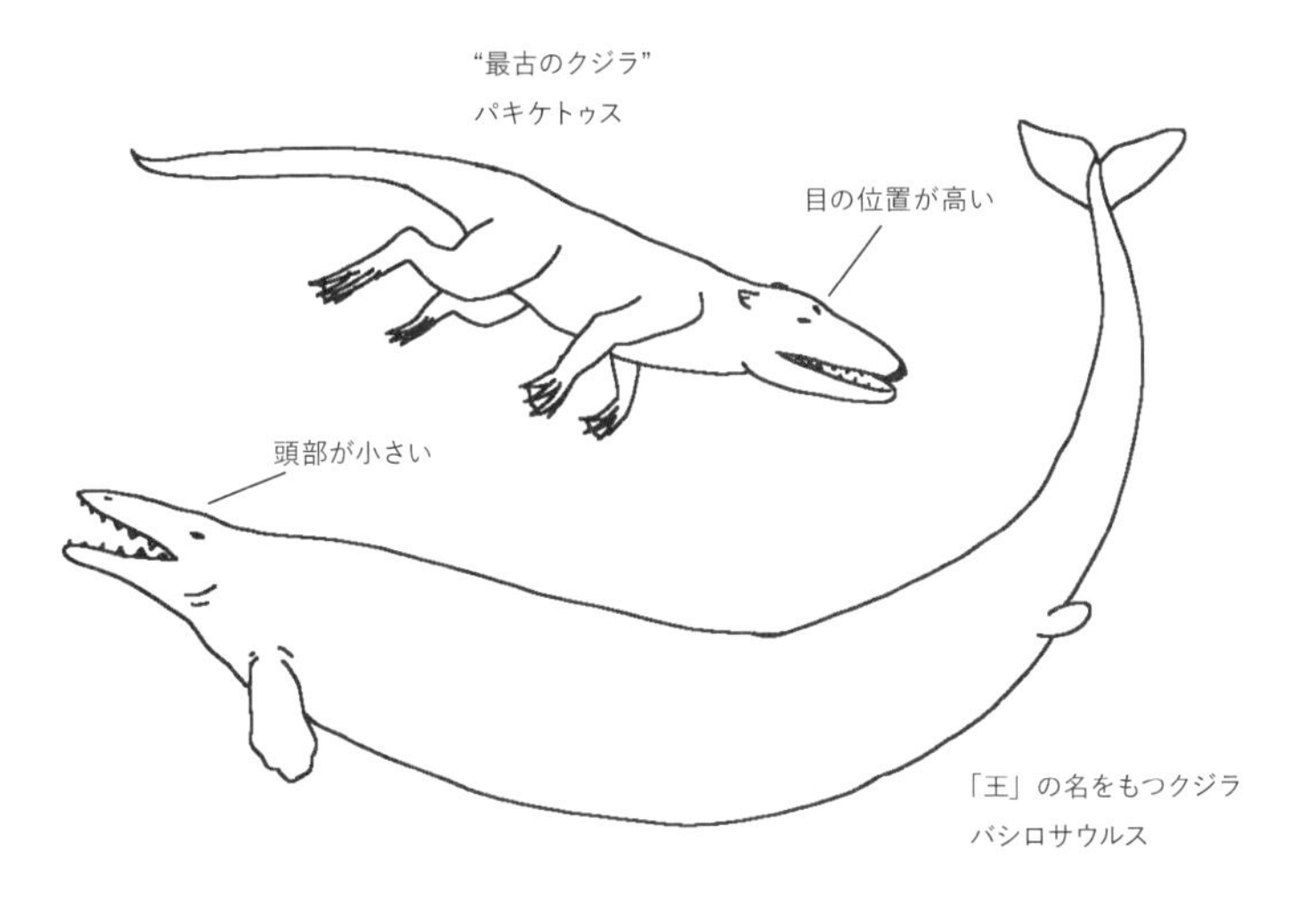

ラです。がっしりと大きな歯をもち、全長は現生のナガスクジラに匹敵する20メートルに達しました。

最も、ナガスクジラなどと比べると、頭部が小さいことがバシロサウルスの特徴です。ナガスクジラの頭部は全長の4分の1を占めますが、バシロサウルスの頭部は全長の10分の1にも足りませんでした。

バシロサウルスは、サメやタラ、そして同時代の海に生息していた小型のクジラ類を襲っていたとみられています。どうやら当時の海洋系の上位に君臨する覇者だったようです。

生命の歴史を振り返ったとき、驚くべきは、パキケタスの時代からバシロサウルスが登場するまでの時間です。

その間、わずか1200万年。

クジラ類の海洋進出はかなりの〝高速〟で進んだのです。

ちなみに、パキケタスやバシロサウルスなどの全身復元骨格は、東京・上野の国立科学博物館で見ることができます。

ヒゲクジラ類誕生のダイナミックな理由

その後、現在のハクジラ類（いわゆるイルカの仲間やマッコウクジラなど）の祖先にあたる種が登場し、そしてヒゲクジラ類（シロナガスクジラなど）が登場しました。

このヒゲクジラ類の登場には、地球規模の変化が関わっているとみられています。

ヒゲクジラ類が現れたのは、新生代古第三紀漸新世（約3400万年前〜約2300万年前）です。この時代、南半球の大陸に大きな変化がありました。

そもそも地球上のすべての大陸は、2億5000万年前には一か所に集まって地続きとなっていました。「パンゲア」と呼ばれる超大陸をつくっていたのです。

その後、パンゲアは次第に分裂し、各大陸は現在の位置へと移動していきます。その過程で、オーストラリア大陸と南極大陸が分裂した時期が、漸新世です。

南極大陸が孤立すると、その周りには、大陸を一周する冷たい海流が生まれました。低緯度の暖かい海水と交わらないこの海流は、冷たくて重い水の塊となります。この塊が海底へと沈み、海底にあった有機物を巻き上げたのです。

この巻き上げた有機物を餌として、オキアミなどのプランクトンが大量発生したとみられています。ヒゲクジラ類は、このプランクトンを食べることに極めて有利な動物として進化したとされます。

大陸移動という地球規模の変化が、生命にも大きな影響を与えたと考えられているのです。

「日本の化石」という意味の名前をもつアンモナイト

化石の日って知ってる？

毎年10月15日は、「化石の日」です。この日は、日本人にとって〝特別な存在〟といえる、あるアンモナイトが命名された日です。

そのアンモナイトの名前は、「ニッポニテス・ミラビリス（*Nipponites mirabilis*）」。北海道の白亜紀の地層から化石が見つかりました。

学名はラテン語で命名されます。そしてラテン語における「イテス（*ites*）」とは、「〜の石」という意味です。

すなわち、「ニッポニテス」とは、「日本の化石」という意味。「日本」や「ジャパン」を冠する名をもつ古生物は他にいくつもありますが、「日本の化石」というド直球の名前は、このアンモナイトだけです。

ニッポニテスは、１９０４年（明治37年）に、東北大学の矢部長克さんによって名付け

ニッポニテス（*Nipponites*）
大人の拳ほどの起きさ。北海道産。
三笠市立博物館所蔵標本
（Photo：オフィス ジオパレオント）

られ、今日では日本古生物学会のシンボルマークとしても使われています。

異常巻きアンモナイト

ニッポニテス・ミラビリスの「ミラビリス（*mirabilis*）」は、「驚くべき、すばらしい」という意味です。

この名前が示すように、ニッポニテスはとっても不思議な姿をしています。

多くの人が「アンモナイト」と聞いて想像するような、平面的に螺旋を巻く殻（カタツムリの殻を潰したような殻）ではありません。円筒に近い殻は中心から外側に向かって次第に太くなりながら、１８０度に近いターンを繰り返し、そしてねじれているのです。

「ヘビが複雑にとぐろを巻いたような姿」と形容されることもありますが、こんなにややこしいとぐろを巻くヘビは存在しないでしょう。

こうしたアンモナイトのことを「異常巻きアンモナイト」と呼びます。

異常巻きアンモナイトの「異常」とは、多くの人が「アンモナイト」ときいて思い浮かべるような、**平面的に隙間なく螺旋を描く殻をもたないアンモナイト**のこと。世界各地から見つかる異常巻きアンモナイトには、まっすぐな殻をもつものや、平面的に180度ターンを繰り返すもの、サザエのような殻をもつものなどさまざまなものがあります。

大事な点は、こうした「異常」はけっして病的な変異ではないということです。あくまでも「変わった殻をもっている」という意味であり、それ以上でも以下でもありません。生命の歴史の中で〝異端〟〝追い詰められた〟などの意味もありません。むしろ、当時、大繁栄していたことが多産する化石からわかります。

ニッポニテスは、そうした異常巻きアンモナイトの中でも、とくに突飛な殻をもつことで知られています。

日本古生物学会の2001年講演予稿集には、ニッポニテスの良質標本をめぐる逸話

ユーボストリコセラス（*Eubostrychoceras*）
くわしくは本文参照。北海道産。
三笠市立博物館所蔵標本
（Photo：オフィス ジオパレオント）

が紹介されています。

かつてソビエト連邦の古生物学者が来日した際に、ニッポニテスの良質標本に惚れ込んで、譲ってほしいと申し出たそうです。それに対して、標本の所有者は次のように答えたとか。

「北方領土と交換ならさしあげましょう」

〝祖先〟は「バネ型」だった

ニッポニテスの殻の巻き方は、一見すると複雑怪奇です。しかし、そこには実は規則性があります。

1980年代、愛媛大学の岡本隆さんがコンピューターシミュレーションでその巻き方を解析しました。その成果は、多くの専門書で紹介されています。ここでは、2001年に刊行された『アンモナイト学』(著・重田康成)を参考にまとめましょう。

すべてのアンモナイトは、中心から外側に向かって、しだいに殻を太くさせながら成長していきます。ニッポニテスの場合、成長するにあたって、「平面に巻く」「右に巻く」「左に巻く」などを選びながら大きくなり、そして成長にともなって姿勢が上向きになりすぎた場合は下向きに巻く方向を変え、下向きになりすぎた場合は上向きに巻く方向を変えたようです。

この殻の巻き方の規則性は、数式で表せることがわかっています。

この数式によって、ニッポニテスの祖先も推測されています。それは、「ユーボストリコセラス(*Eubostrychoceras*)」という異常巻きアンモナイトです。

ユーボストリコセラスは、内側の殻と外側の殻は離れて螺旋をえがき、バネのように垂れ下がっていくという形をしています。「コルク抜き」を彷彿とさせる姿です。

複雑怪奇なニッポニテスでさえ、その殻は数式で表せますから、ユーボストリコセラスの殻の巻き方も数式化できます。そしてユーボストリコセラスの数式をちょっといじるだけで、ニッポニテスの数式になるというわけです。

つまり、ユーボストリコセラスが〝ちょっと突然変異〟したことで、ニッポニテスに進化したと考えられているのです。

白亜紀半ばの北海道で大繁栄

ニッポニテスは、中生代白亜紀の半ば（9000万年前ごろ）の北太平洋西部海域（のちに北海道になる場所）で繁栄しました。有名な肉食恐竜であるティラノサウルス（*Tyrannosaurus*）よりも数千万年古い生き物です。

これまでに見てきたように、ニッポニテスの殻の形は、数式で表現できるという、とても理にかなったものです。化石は異常巻きアンモナイトの中では比較的希少ですが、それでもティラノサウルスなどと比べればはるかに多くの標本が見つかっています。

ニッポニテスの化石は、国立科学博物館や産地に近い北海道の三笠市立博物館など、全国各地の博物館で展示されています。ぜひ、「日本の化石」のその姿を、ご自身の眼で確認してください。

小さな島で、動物は小さく進化する

小さな島の小さな恐竜

小さな頭、長い首、大きな胴体に、柱のように太い四肢。そして、長い尾。こうした特徴を共通してもつ植物食恐竜の彼らは、「竜脚類」に分類されます。

竜脚類は「陸上動物史上最大級」の動物たちです。

このグループには、全長20メートル以上という種は珍しくなく、30メートル以上という巨大種さえいくつも存在しました。

まさしく「巨大恐竜」の代名詞といえます。

ただし、**竜脚類に属する恐竜がみんな大型であったかというと、実はそうでもありません。**

ジュラ紀後期のドイツに生息していた「エウロパサウルス（*Europasaurus*）」は、全長6・2メートルほどしかありませんでした。

6・2メートルといえば、日本の物流を担う2トントラックとほぼ同じサイズです。でも、トラックほど大きくは感じないでしょう。肩の高さで見れば、エウロパサウルスは1・6メートルしかないのです。現生のアジアゾウよりよほど小型です。

なぜ、他の恐竜と比べてここまで小さいのでしょう?

それは、エウロパサウルスの生きていた環境に原因がありそうです。

当時、ヨーロッパの大部分は、テチス海と呼ばれる広大な海の底に沈んでいました。テチス海には島々が点在し、エウロパサウルスはそうした島の中で、面積が20万平方キロメートルほどの島に棲んでいたようです。20万平方キロメートルというと、日本の本州よりもやや小さいくらい。

そのくらいの大きさの島には、竜脚類の巨体を維持できるだけの植物がなかったとみられています。そのため、祖先は大型種でも、進化の結果として小さくなったと考えられています。

日本は小型化の舞台となった

エウロパサウルスは、日本の本州よりやや小さい島で起きた、小型化という結果として誕生しました。……ということは、日本で化石が見つかる動物たちだって、同じように小型化が起きていてもおかしくありません。なにしろ、日本の動物の多くは、その起源を大陸にもっているわけですから。狭い日本にやってきてから小型化したとしても不思議ではないでしょう。

実際、小型化は確認されています。その典型例として知られるのは、「ステゴドン（*Stegodon*）」です。

ステゴドンは、ゾウ類と同じ「長鼻類」の仲間。その外観は、現生のゾウ類とよく似ていますが、いくつもの違いがあります。

たとえば、ゾウ類の牙は途中で外側にしなって先端が内側を向いていることに対して、ステゴドンのそれは途中で内側にしなって先端は外側を向いているという違いがあります。

かつて、アジアには「ステゴドン・ズダンスキイ（*Stegodon zdanskyi*）」と呼ばれるステゴドンがいました。このステゴドンは「コウガゾウ」とも呼ばれ、その名の通り中国の黄河域から化石が見つかっています。その肩の高さは3・8メートル。

コウガゾウを祖先として日本に出現したのは「ミエゾウ」とも呼ばれる「ステゴドン・ミエンシス（*Stegodon miensis*）」です。ミエゾウの肩の高さは3・6メートル。少しだけ小さくなりました。

そして、ミエゾウののちに「アケボノゾウ」こと「ステゴドン・アウロアエ（*Stegodon auroae*）」が登場。肩高はいっきに小さくなって1・7メートルでした。

コウガゾウからアケボノゾウまで約400万年間。この間に**ステゴドンは半分以下に小さくなったのです。**

その後、ステゴドンの仲間は絶滅してしまいますが、もしも子孫を残し続けたら、もっと小型種が現れたかもしれませんね。

そもそも「進化」って何？

「退化」も進化

これほど日常に溶け込んだ科学用語もそうないと思います。

「進化」。

スポーツ選手が新しいプレイスタイルを身につける「進化」。ラーメンが「進化」して美味しくなる。ゲームのキャラクターの姿が「進化」して変わる……など。「進化」という言葉は、さまざまな場面で使われています。

そもそも「進化」という言葉には、どのような意味があるのでしょうか？

進化とは「祖先から子孫へと受け継がれていく中で、形や性質が変わること」です。

大切な点は二つ。

一つは、「祖先から子孫へと受け継がれていく」という点。つまり、世代を重ねる、ということです。同じ個体の中で変化があることは「進化」と呼びません。もしも同じ個体の中で姿が変わるほどの変化があるとしたら、それは「変態」と呼ぶべきかもしれません。昆虫と同じですね（オマワリさんコイツです、ではない方です）。

もう一つは、「変わること」です。**つまり、進化とは変化なのです。ここには、ポジティブな意味やネガティブな意味はありません。**

世代を重ねた結果として「腕が小さくなる（たとえば、ある種の恐竜で見られるように）」「眼がなくなる（洞窟生活をするある種の動物に見られます）」などの変化に対して「退化」という言葉を使うことがあります。「退化して腕が小さくなった」「退化して眼がなくなった」という具合です。この場合、多少のネガティブ感が込められています。

退化も変化ですから、つまり進化。退化は進化の一つのパターンなのです。

進化の速度は、種によってさまざまです。数世代で変化をみせる種もあれば、何十世代と重ねても変化が見えない種もあります。

"残念"だから、滅ぶわけではない

生物は進化の結果として、さまざまな姿や生態になります。

それぞれの生物の姿は、当時の環境に適応した結果です。その中には、現在の常識から見れば、なんだかとても〝残念な姿〟をしているように見えるものもあるかもしれません。しかしほとんどの場合で、それは私たちの知識が不足していることが原因です。

そもそも、私たちは古生物を「化石」という証拠にもとづいて復元していきます。生物が化石として残るためには、とても多くの〝幸運〟が必要です（化石のでき方については、40ページで詳しく解説しています）。このことを言い換えれば、「化石が発見されている」という事実だけで、その生物が一定以上の繁栄をしていた可能性が高いことになります。

これは、シンプルに確率の話です。化石に残る生物は稀。「下手な鉄砲数打ちゃ当たる」ではありませんが、個体数が多いほど、つまり繁栄しているほど、化石に残る確率は上がります。つまり、化石に残る生物は、当時の〝成功者〟といえるのです。

古生物学では、なぜ、そうした姿の生物が生まれたのかについて、さまざまな情報と技術を駆使して迫っています。日進月歩の勢いでさまざまなことがわかっていますが、まだまだ謎だらけ。〝残念な姿〟に見える理由がわかっていない生物はたくさんあります。

絶滅した理由についても、多くの場合でわかっていません。環境の変化かもしれませ

絶滅した長鼻類「プラティベロドン」
シャベルのような下あごを使って、植物を根こそぎ掘り起こし、
食べることができたとみられている。絶滅した理由は謎。

ん。新たな競合者の登場かもしれません。
そもそもどのくらいの年月をかけて数が減っていったのかも種によって異なります。
ゆるやかな衰退ののちに滅んだのか、それとも突然姿を消したのか。
多くの研究者が、その謎の解明に日夜挑んでいます。

進化が進むと形が似てくる？

異なる動物群のはずなのに……

東京、上野公園にある国立科学博物館の地球館3階にさまざまな動物たちの剥製が展示されています。その中の一つに「フクロオオカミ」があります。

フクロオオカミは、「タスマニア・タイガー」や「タスマニア・ウルフ」と呼ばれる哺乳類で、「ティラキヌス・キノケファルス（*Thylacinus cynocephalus*）」という学名をもっています。頭胴長1メートルほどで、1936年に絶滅しました。

フクロオオカミという和名が示すように、その見た目はオオカミとよく似ています。しかし、「フクロ」という文字が示すように、「袋」をもっていました。カンガルーと同じ「有袋類」というグループに分類されます。

オオカミはイヌ類の一種で、イヌ類は食肉類、食肉類は有胎盤類に属しています。有胎盤類と有袋類は同じ哺乳類ですが、中生代白亜紀には袂をわかって別々に進化してきました。

こうした「異なるグループなのに、進化の結果として姿が似た動物が現れること」を専門用語で「収斂進化」と呼びます。有胎盤類と有袋類には、古生物を含めると収斂進化の結果とみられるものがいくつもいます。かつての有袋類には、有胎盤類のウマに似た種もいれば、有胎盤類のネコに似た種もいました。

水中の生物は収斂進化しやすい？

収斂進化は何も哺乳類だけのものではありません。

たとえば、約3億6000万年以上前の古生代デボン紀という時代には「クラドセラケ（*Cladoselache*）」という軟骨魚類がいました。全長2メートルほどのこのサカナは、流線型のからだをもち、胸びれと背びれは発達し、尾びれは三日月状であるなど、現生のサメ類（新生板鰓類）によく似ています。実際、「最初期のサメ」と呼ばれることもあります。

しかし実際には、クラドセラケと現生のサメ類は、同じ軟骨魚類ではあっても、別のグループであるとみられています。現生のサメ類がクラドセラケと似たのは収斂進化の結果とされています。

もっとわかりやすい例が実はあります。中生代の海に生きていた魚竜類という爬虫類は、現生の小型のハクジラ類、つまりイルカとよく似たものばかりです。シュッと伸びた細い吻部、流線型のからだ、三日月型の尾びれなどをもっていました。

爬虫類である魚竜類と哺乳類であるイルカは、分類群は大きく異なりますが、収斂進化の結果としてよく似た姿となったのです。

魚竜類もイルカも、水中を一定以上の速度で長時間泳ぐことができる（魚竜類に関しては「泳ぐことができたとみられている」と書くとより正確ですが）という特徴がありました。水の抵抗がある世界では、**同じような生態で生きるものは、同じような姿になったということになります。**

収斂進化は外見だけじゃない？

魚竜類とイルカは、収斂進化の好例として扱われていますが、それはあくまでも「収斂進化の結果として体型が似た」という〝外見の形だけ〟のことだとみられていました。

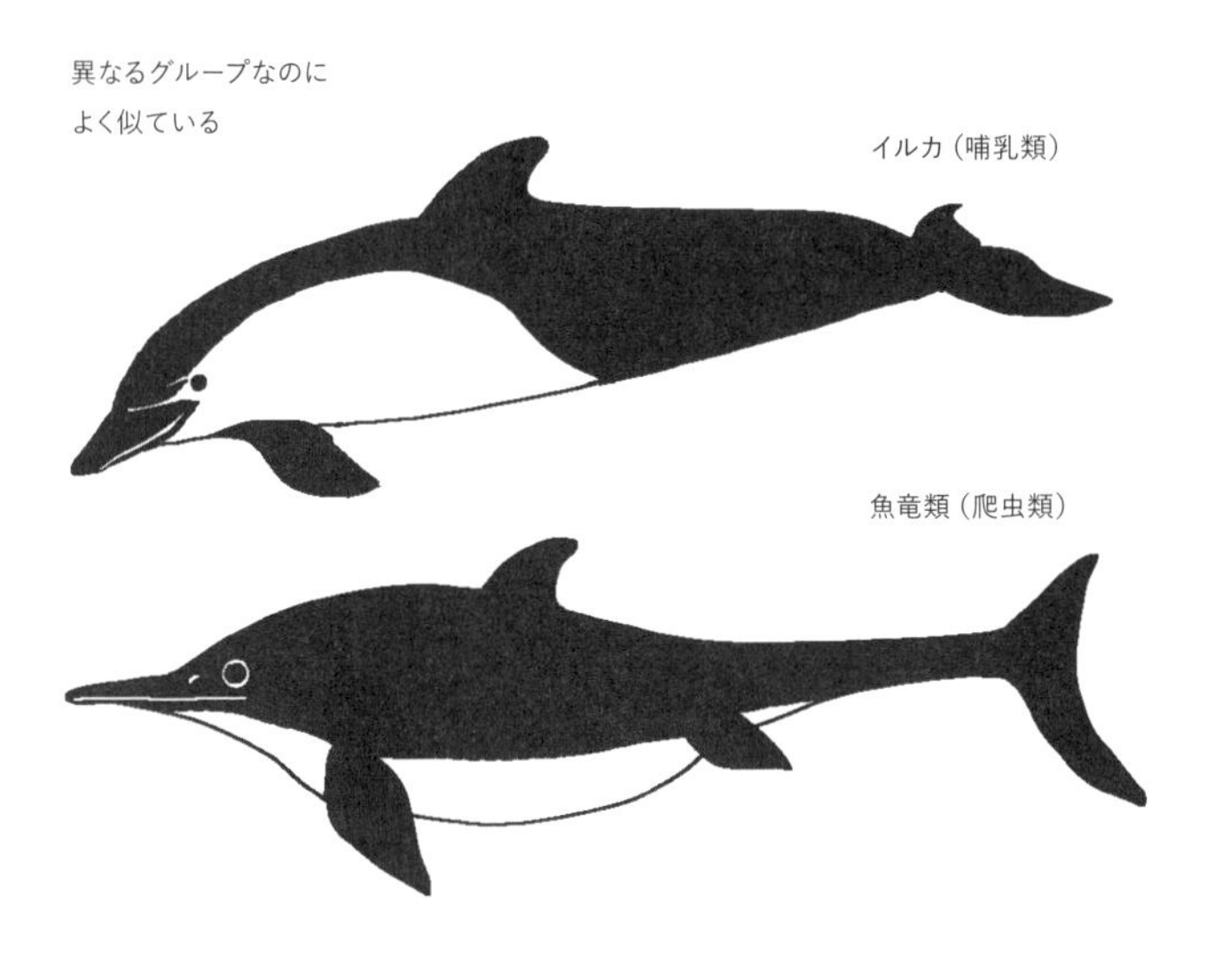

……というよりも、基本的に魚竜類に関するデータは骨化石が中心なので、それ以上のことはあまり議論されてこなかったのです。
2018年、ルンド大学（スウェーデン）のヨハン・リンドグレンさんたちが、ドイツで発見された凄まじく保存状態の良い魚竜類の化石を分析し、その結果を発表しました。
「凄まじく保存状態の良い魚竜類の化石」がどのくらい「凄まじい」ものだったのかといえば、通常の化石では残っていない細胞レベルの情報を確認することができたのです。これは極めて珍しいことです。
対象となった魚竜類は、ジュラ紀のヨーロッパの海に生きていた「ステノプテリギウス（*Stenopterygius*）」という種類です。リンドグレさんたちが分析したものと同一ではありませんが、ステノプテリギウス標本自体は、本書の監修者である加藤太一さんが勤務するミュージアムパーク茨城県自然博物館でも見ることができます。

リンドグレンさんたちの分析では、**ステノプテリギウスが「カウンターシェーディング」をもっていた**ことが指摘されました。

カウンターシェーディングとは、動物の背中側が濃い色で、腹側が明るい色となっていることで、まさにイルカがこの身体的特徴をもっています。

海の中を泳ぐ動物がカウンターシェーディングをもつことには意味があります。背中側の色が濃いということは、自分よりも海面に近い浅い位置を泳ぐもの、あるいは空を飛ぶ鳥類たちから発見されにくくなることを意味しています。周りの海の色と肌の色が同化しているからです。

同じ理屈で腹側が明るければ自分よりも深い位置を泳ぐものから発見されにくくなります。海は浅いほど、明るいからです。

海棲動物のカウンターシェーディングは理にかなうため、背中側を濃く、腹側を白く復元する、ということはかねてより行われてきました。リンドグレンさんたちの分析によって、それが裏付けられたことになります。

また、この研究でステノプテリギウスが一定の浮力と体温を保つ役割を果たす皮膚下脂肪をもっていた可能性があることも指摘されました。この皮膚下脂肪もまたイルカなどの海棲哺乳類がもつ特徴と同じです。

リンドグレンさんたちは、遠洋生活という共通の生態をもつ2つのグループ間の収斂進化は、体型だけではなく、体色や体内の組織にまで及んでいたとしています。

近年の分析技術の進歩は、こうした新情報を次々ともたらしています。これまで考えてもみなかった側面からの研究によって、従来の学説がさらに〝深く〟なることも出てくるでしょう。リンドグレンさんたちの研究成果は、そのことも示唆しているように思えます。

サーベルタイガーの〝サーベル〟は、メインの武器ではなかった？

歯の多様性は哺乳類の証！


私たちヒトの歯は、その位置によって形と役割が異なります。

口先にある歯は「切歯」。食べ物を噛み切ったり、ついばんだりする役割のある歯です。

その後ろにある歯は「犬歯」。こちらは食べ物を切り裂くための歯。ちなみに、一般的に思い浮かべるドラキュラ伯爵は、この犬歯が異様に発達しています。そして、犬歯を相手に突き刺して出血させ、その血をすするわけですが、そもそもこの使い方はかなりの特殊な例です。

そして、犬歯の後ろに並ぶ歯は「臼歯」。「臼」の「歯」という文字通り、食べ物をすりつぶす役割をになっています。

ヒトは植物も肉も食べる雑食性なので、この多様な歯がそれぞれ役立っています。一方で、ネコのように肉食に特化した動物の場合は、臼歯の一部が「裂肉歯」と呼ばれるものに変化していて、文字どおり食べ物をすりつぶすよりは、裂くことに向いています。

このように歯の位置によって形と役割がはっきりと異なるのは哺乳類の特徴です。他の動物群の歯にはここまで明瞭な違いはなく、歯の化石が見つかっても、それが口のどの位置にあったのかはよくわからないことが多くあります。

1か月で6ミリ伸びる犬歯

古生物において「牙が目立つ」といえば、サーベルタイガーでしょう。

「サーベルタイガー」とは、特定の種を指す言葉ではなく、発達した犬歯をもつネコ類を指す用語として使われます。

つまり、「サーベルタイガー」とはいっても、さまざまな種類がいるわけです。その中で、一般的によく知られるサーベルタイガーは、「スミロドン（*Smilodon*）」でしょう。

スミロドンは、大きなものは肩高1・2メートル、体重400キログラムに達しました。その姿は現生のトラに近いといえばよいでしょうか。ただし、スミロドンの尾は短くて丸っこい（可愛らしい！）ことが特徴です。

スミロドンの犬歯は、まさにサーベルのようです。上顎の薄い犬歯が10センチ以上も長く鋭く伸びています。クレムゾン大学（アメリカ）のM・アレクサンダー・ワイソッキさんたちが2015年に発表した研究によると、スミロドンの犬歯は1ヶ月6ミリメートルの速度で伸びたとのことです。「6ミリ」と聞くと少なく思えるかもしれませんが、1年で7・2センチメートル長くなる計算です。……これは半端ない。

この犬歯の役割については、実はまだよくわかっていません。ただし、ナイフのように鋭く、肉を切り裂くことに適している一方で、横方向の強度が低かったことがわかっています。そのため、格闘の主要な武器とするには不向きだったとの見方が有力です。横から衝撃が加われば、簡単にポッキリといってしまうわけですから。

ちなみに、スミロドンの最大の武器はこの長い犬歯ではなく、発達した前脚でした。かなり強力なネコパンチを繰り出せたとみられています。

スミロドンの犬歯の役割に関してはいくつもの仮説があります。そうした仮説に共通しているのは、基本的に「トドメの一撃」用だったという見方です。獲物が弱り、反撃の恐れがなくなったところで、深く刺して致命傷を与えたり、もっと直接的に血管や気

サーベルタイガーの代表、スミロドン

道などを破損させたのではないか、というものです。

犬歯を使わない戦い方

哺乳類の歯が多様化したその進化の歴史の中で、犬歯は最初に特殊化した歯とみられています。犬歯の大型化の歴史は古く、最古の哺乳類からさらに遡って、哺乳類の祖先を含むグループにはすでにみられていたようです。たとえば、最古の哺乳類よりも数千万年以上前に出現した単弓類の「ディメトロドン（*Dimetrodon*）」は、吻部の先端近くに発達した犬歯がありました。

スミロドンのように「メインの武器」では

なく、「トドメの一撃」に使うにしろ、……ドラキュラのように出血を目的に使うにしろ、こうした動物たちにとっての犬歯の役割は基本的には「武器」です。

しかし、哺乳類（単弓類）の武器は犬歯だけではありません。たとえば、頭部に発達した「こぶ」もその一つ。ここで、こぶに関する研究を一つ紹介しておきましょう。

２０１６年にウィットウォーターズランド大学（南アフリカ）のジュリエン・ベノイットさんたちが注目したのは、約２億５９００万年前に生きていた動物です。この動物はのちに哺乳類を生むことになる獣弓類というグループに属しており、上顎と下顎の側方に発達したこぶをもっていました。

ベノイットさんたちは、この獣弓類が同種間の争いにこぶを使っていた可能性を調べたのです。

同種間の争いの場合、相手を致命傷まで追い込むことは稀。自分の強さを誇示できればそれが十分ということがほとんどです。そうした争いの場合は、ツノを押し付け合うなどの決闘が行われます。

しかしベノイットさんたちの分析で、この獣弓類のこぶはとてももろいことがわかりました。頭部をぶつけあう争いには不向きだったのです。

ベノイットさんたちは、この獣弓類のこぶは、ディスプレイ用……平たく書いてしまえば「モテ・アピール」用だったのではないか、と指摘しています。武器のように見えるのも、実は武器ではなかった、というお話です。

第4章 ニュースで楽しむ古生物

史上最良のティラノサウルス標本をめぐって、FBI登場

史上最高のティラノサウルス標本

ティラノサウルス・レックス（*Tyrannosaurus rex*）。この本でもすでに66ページなどで紹介した〝有名人〟。

古生物なんて言葉は知らないし、恐竜にもあまり興味がない。そんな人でも、「ティラノサウルスを知らない」ということはないでしょう。

恐竜を扱う博物館においては、かなり高確率でその復元骨格や生態復元模型が展示されています。

しかし、これほどの有名な恐竜の化石が、実は50体ほどしか見つかっていない、ということはあまり知られていないように思えます。

世界中の博物館で展示されているティラノサウルスは、この50体のいずれかをもとにしたレプリカです。

しかも、これまでに見つかっているティラノサウルスの化石標本で、全身の骨が100パーセント保存されていたものはありません。それどころか、大半は50パーセントも残っていません。

知らない人がいないといっても過言ではない恐竜ですが、実は化石はわずかな数しか見つかっておらず、保存の良いものも少ないのです。

そんなティラノサウルスの化石標本の中で、随一の保存率をもつ標本が、1990年に発見された「スー」です。

スーは通称。化石の発見者のスーザン・ヘンドリクソンさんにちなむものです。

スーの保存率は、実に73パーセントに及びます。大半の標本の保存率が50パーセント未満、一桁台も珍しくないというティラノサウルスですから、スーがいかにすさまじいものか、伝わるでしょうか。

現在、スーはアメリカのシカゴにあるフィールド博物館が所蔵しており、この標本が研究されたことで、ティラノサウルスに対する理解は大いに進展しました。

スーがフィールド博物館で公開されるようになったのは、2000年のこと。発見から10年の歳月が経過していました。

この10年の間に、実はアメリカ連邦捜査局(FBI)が出動し、裁判が行われるという由々しき事態があったのです。

押収と裁判

スーを発見したヘンドリクソンさんは、ブラックヒルズ地質学研究所の調査員として契約していました。

ブラックヒルズ地質学研究所は、この名前だけを見ればまるで公的な研究機関のように見えます。しかし、実は私的な営利企業です。化石を発掘し、クリーニングをして博物館などに販売しています。質の良いレプリカも多く制作して販売しており、資金さえあればこの本を読んでいるあなたも、ティラノサウルスの全身復元骨格をブラックヒルズ地質学研究所から購入することは可能です。同研究所のホームページで〝普通に〟販売されています。

スーをめぐる一連の物語は、ブラックヒルズ地質学研究所の所長(つまり社長)であるピーター・ラーソンさんと、ジャーナリストのクリスティン・ドナンさんの共著である

アメリカ、フィールド博物館の「スー」　Photo：Getty Images

『スー』、および、1990年代に学習研究社が刊行していた恐竜専門雑誌、『恐竜学最前線』の1巻と2巻に詳しく書かれています。ここから先は、この三つの資料をもとに話を進めていきましょう。

ブラックヒルズ地質学研究所は、土地の所有者と契約して、調査と発掘の許可を取り付け、そして掘り出したスーをブラックヒルズ地質学研究所が得るということで、土地の所有者にその代金を支払ったそうです。

しかしこのとき、契約書はつくらず、口約束だけでした。どの世界でもそうですが、口約束の契約は、のちのトラブルのもとですね。

その後、土地の所有者は、「化石を掘る権利は売ったが、化石そのものは売っていない」として訴訟を起こします。契約書がなかったために、事態は早い段階から泥沼の様相をみせることになりました。

この2者の争いに介入してきたのが、アメリカ合衆国政府です。

実は、スーが見つかった土地は、そもそも所有者が合衆国政府に信託していたものだったのです。これによって、スーの所有権は合衆国政府にあるという判断がなされ、その標本の押収のために、FBIが投入されるという事態が勃発しました。

史上最高のティラノサウルス標本は、いったいだれが所有することになるのか？

全米が注目する裁判の結果、スーは土地の所有者のものとなりました。

そして、オークション

スーを手に入れた土地の所有者は、その取り扱いをサザビーズに任せました。サザビーズ。それは、世界に名高いオークション会社です。これは、多くの人々が恐れていた事態でした。

サザビーズのオークションは、本質的には資金さえあれば、世界中の誰でも参加できます。そこには、国・個人・企業などの制約はありません。

当時、このことに対していくつもの危惧がありました。

まず、「史上最高のティラノサウルス標本」が**アメリカの国外へと〝流出〟**してしまうこと。

そして何よりも、個人の非公開コレクションとなり、**限られた一部の人だけが堪能するもの**となってしまうこと。

世界が注目したオークションでした。

結局のところ、ディズニーランドとマクドナルドというアメリカの2大企業が支援する形で、フィールド博物館がスーを競り落とすことに成功しました。これが1997年のことです。こうして、スーは公的機関の所有となり、研究の対象としても、見学の展示物としても、多くの人々の目に触れることができるようになったのです。

「クビナガリュウ類」や「翼竜類」は恐竜じゃないって本当?

覚えておきたい恐竜の特徴

小さな頭と長い首、樽を潰したような胴体に4枚の鰭あし、そして小さな尾をもつクビナガリュウ類(首長竜類)。

皮でできた翼をもつ翼竜類。

いずれも恐竜図鑑では〝常連〟の古生物です。

ただし、彼らは恐竜類ではありません。同じ爬虫類ですが、恐竜類とは別に進化を重ねてきたグループです。

恐竜類の特徴を一つ覚えておくと、こうした〝紛らわしい爬虫類〟との区別は簡単です。

それは、「**恐竜は体の下に脚がまっすぐのびている**」です。

この特徴は、実は爬虫類よりも哺乳類をイメージしていただけるとわかりやすいでしょう。イヌやネコと暮らしている方、あるいは身近にウマやウシがいる方は、ぜひ、彼らの後ろ脚に注目してください。腰からまっすぐ下に伸びているはずです。

一方、ワニやカメなどの爬虫類の脚のつき方をみると、その脚は腰からまず側方へとのびています。こちらも、近くにいるようでしたら、ぜひ、ご確認を。この脚のつき方が大きな違いなのです。

つまり、恐竜類の脚のつき方は、同じ爬虫類であるワニやカメよりも、哺乳類に近いのです。

この特徴さえ覚えておけば、クビナガリュウ類や翼竜類を、恐竜類と混同することはないでしょう。クビナガリュウ類は側方に向かってひれになった脚がのびています。翼竜類はガニ股で、やはりまっすぐ真下へ脚がのびているわけではありません。

ちなみに「系統」でみると、翼竜類は恐竜類に近いグループですが、クビナガリュウ類はワニやカメよりも遠いグループです。

定義は……

ただし、「体の下に脚がまっすぐのびている爬虫類」は、実は恐竜類だけではありません。初期のワニ類や、ワニ類の祖先を含むグループには、恐竜類と同じような脚をもっているものがいます。

実際には「恐竜の特徴」と呼ばれるものはいくつもあり、それらを全てクリアしたものだけが「恐竜」と分類されます。そうした特徴をすべてチェックすれば、初期のワニ類や、ワニ類の祖先を含むグループと区別することができます。

しかし、この「恐竜の特徴」はいささか専門的で難しい。

別の視点で恐竜類をみてみましょう。

恐竜類の定義として知られるのは、次の一文です。

「トリケラトプスと鳥類の最も近い祖先から生まれたすべて」

トリケラトプス（*Triceratops*）とは、角竜類の代表として知られる恐竜のことです。角竜類の代表であり、そして、より大きなグループである「鳥盤類」の代表でもあります。現生の鳥類のものとよく似た骨盤をもちます。

一方の鳥類は、鳥盤類と並ぶ大グループである「竜盤類」の代表です。

竜盤類には巨大恐竜の代名詞である竜脚形類というグループと、すべての肉食恐竜が分類されている獣脚類というグループがあります。鳥類はこの獣脚類に含まれます（現在、

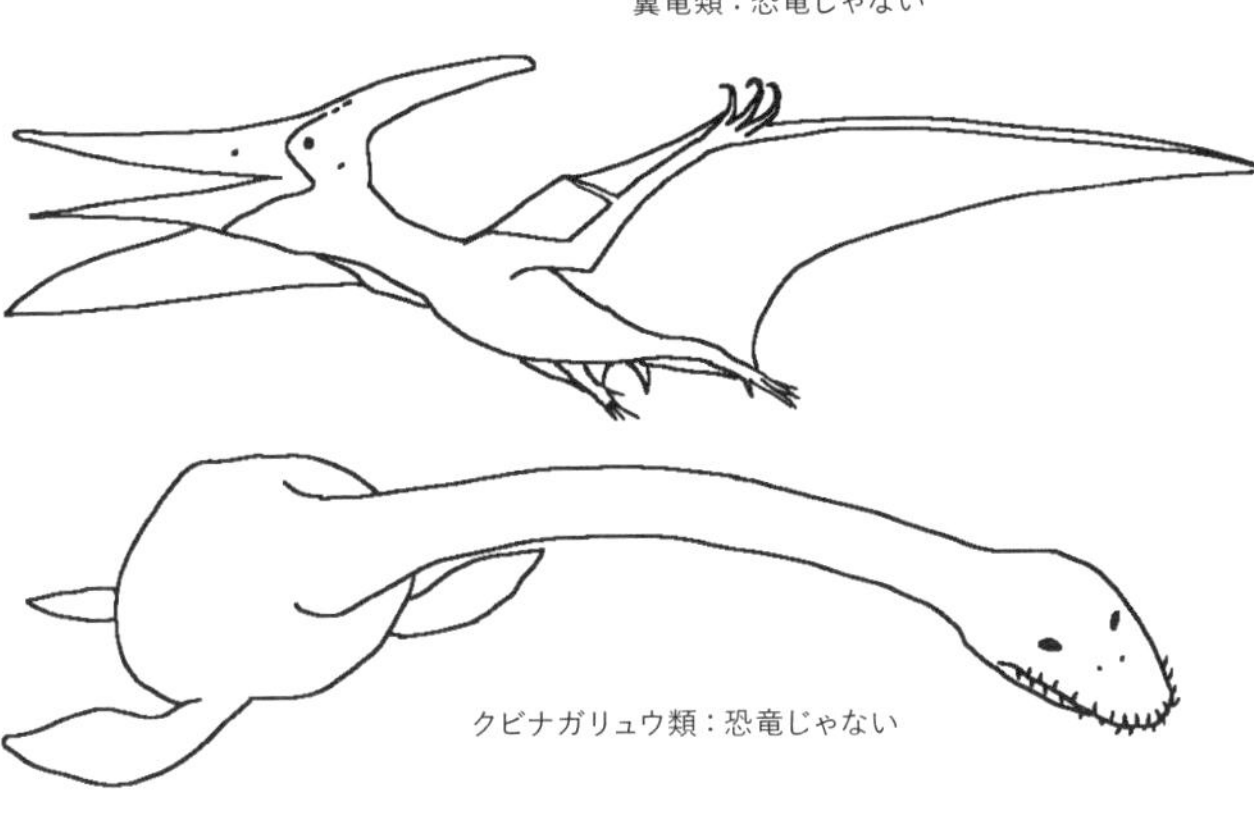

鳥類が獣脚類内の1グループとして進化したという考えは、ほぼ定説となっています）。こちらは現生のトカゲのものとよく似た骨盤をもちます。

この定義の一文には、恐竜の骨学的な特徴がズバリ書かれているわけではありません。「恐竜類とは竜盤類と鳥盤類のことですよ」と定めているだけです。

そして、「竜盤類と鳥盤類のどちらにも属さない動物は恐竜類とは呼ばない」と示しているのです。

映画で一躍有名になったモササウルス。しかし……

白亜紀の海の王者

「恐竜時代の海の王者」と聞いて、どのような動物を思い浮かべますか？

多くの人がまず思いつくのは、クビナガリュウ類（首長竜類）でしょうか？

福島県から化石が見つかったフタバスズキリュウこと「フタバサウルス（*Futabasaurus*）」はとくに有名です。１９８０年に公開され、２００６年にリメイク版がつくられたアニメ映画『ドラえもんのび太の恐竜』に登場する「ピー助」のモデルといえば、「ああ、アレね」と思い当たる人も多いと思います。小さな頭、長い首、樽を潰したような胴体に、４枚の鰭をもつ爬虫類です。

あるいは、「魚竜類」をご存知かもしれません。このグループは、現在のイルカのような姿をした爬虫類です。

そして、クビナガリュウ類と魚竜類とともに、「中生代の三大海生爬虫類」の一角を担うグループがいました。

それが「モササウルス類」です。

モササウルス類は一言で書いてしまえば、「四肢と尾がヒレになったオオトカゲ」です。種によっては、頑強な顎と歯をもつ強力な捕食者でした。2015年に公開された映画『ジュラシック・ワールド』で、海の中から勢いよく飛び出て、ロープで吊られたサメを一飲みに食べていたアレです、と書くと思い浮かべる方もいるのではないか、と思います（……だったらいいなあ、と思います）。

中生代の三大海生爬虫類のうち、最も早い時期に現れたのは魚竜類です。中生代は、古い方から三畳紀（約2億5200万年前〜約2億100万年前）、ジュラ紀（約2億100万年前〜約1億4500万年前）、白亜紀（約1億4500万年前〜約6600万年前）の三つの時代に分けることができます。魚竜類が出現したのは、三畳紀の初頭でした。

次に現れたグループが、クビナガリュウ類。三畳紀の末のことです。

モササウルス類は、先行した2グループとは大きく遅れ、白亜紀の半ばにあたる約

1億年前ごろに出現しました。中生代の三大海生爬虫類の中では最も後発ですが、瞬く間に海洋生態系のピラミッドを昇っていき、海洋世界に君臨するトッププレデターとなりました。同じくトッププレデターだったサメ類と競い合う存在で、しかもモササウルス類の中には、硬い殻をもつアンモナイトさえ食べていた種がいた可能性が指摘されています。大型種も多く、白亜紀末には、全長15メートルという大型種も登場しています。

化石を避けて砲撃

モササウルス類の最初の化石が見つかったのは、1766年のこと。その4年後には第2の化石が見つかっています。ともに、オランダ南部の都市、マーストリヒト近郊の鉱山で発見されました。

このうち、第2標本がよく知られています。標本長が1・6メートルの巨大な顎の化石で、がっしりと太い歯が並んでいました。当時、どのような動物の顎なのかはわかっておらず、人々は「マーストリヒトの大怪獣」と呼んでいました。

マーストリヒトの大怪獣を発見したのは、ホフマンという外科医でした。しかし、地主だったゴダンという司教が所有権を主張。裁判を経てマーストリヒトの大怪獣はゴダンのものとなり、彼の管理する教会で保管されるようになります。

1789年、フランス革命が勃発しました。紆余曲折を経て、革命体制を維持するフランスと反革命の諸外国との間に戦争が展開されます。この戦争を経て、かのナポレオン・ボナパルトが力をつけていくわけです。

戦争はフランス軍優勢で進み、ヨーロッパ各地へとフランス軍が侵攻していきます。1795年には、マーストリヒトにもフランス軍がやってきました。

このときフランス軍は、マーストリヒトの大怪獣が保管されていた教会を避けるように砲撃を開始。マーストリヒトが陥落したのちにその標本を略奪し、パリへと持ち帰りました。

その後、パリにおいて研究者たちによってマーストリヒトの大怪獣が分析され、1829年に「モササウルス・ホフマニ（*Mosasaurus hoffmanni*）」と名付けられました。これが「最初に名付けられたモササウルス類」です。

映画の復元は古い？

モササウルス類のことを「四肢と尾がヒレになったオオトカゲ」と書きました。そして、その例として映画『ジュラシック・ワールド』を挙げました。

しかし実は、『ジュラシック・ワールド』のモササウルス類のイメージは、いささか古いのです。

『ジュラシック・ワールド』のモササウルス類は、長い尾をもっており、「四肢がヒレになったオオトカゲ」として描かれています。

違いに気づかれたでしょうか？

「四肢と尾がヒレになったオオトカゲ」

「四肢がヒレになったオオトカゲ」

『ジュラシック・ワールド』のモササウルス類には尾びれがないのです（正確には、あるにはあるのですが、形だけの小さなものです）。

ルンド大学（スウェーデン）のヨハン・リンドグレンさんやシンシナティ大学（アメリカ）の小西卓哉さんが2010年、2012年に発表した一連の分析や、2013年に

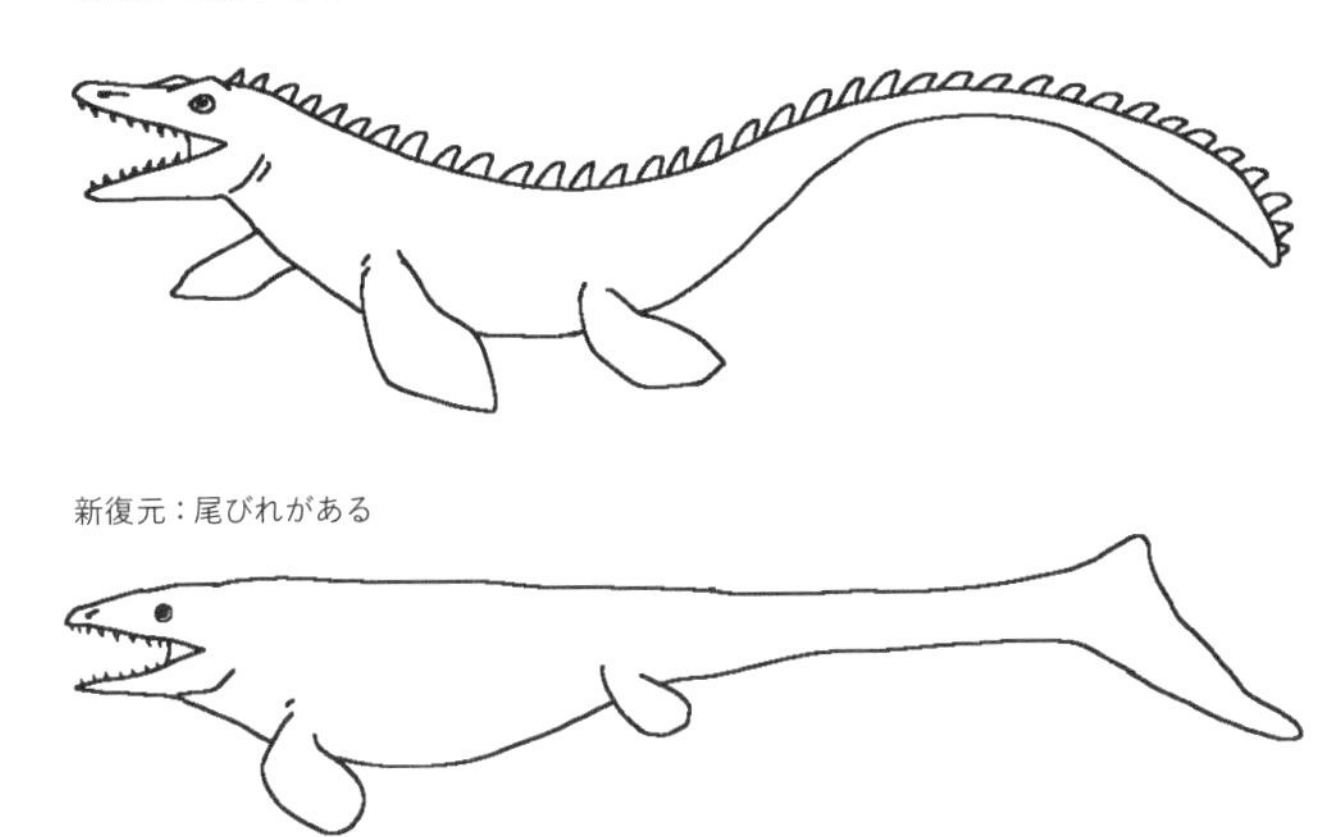

報告された化石によって、尾びれの存在はかなり有力となっています。

尾びれの有無は、その生態に大きく関係します。尾びれがない場合は、「悠然」と泳ぎ、「短距離だけ加速する」とみられていました。しかし、尾びれを効率的に使えば、「高速」で泳ぎ、「長距離を巡航する」ことが可能になったのです。

ピー助で知られるクビナガリュウ類と比べると、今ひとつ知名度の低いモササウルス類ですが、こうした研究によって、さまざまなことがわかってきました。中生代の海の覇者、モササウルス類。もっと注目されて良いと思います。

恐竜絶滅事件。今の注目は「どうやって」

約6600万年前の大量絶滅

今から約6600万年前の中生代白亜紀末、地球上の動物の約70パーセントが大量に絶滅する事件が勃発しました。

この大量絶滅は、ドイツ語で白亜紀を意味する「Kreide」の頭文字である「K」と、白亜紀の次の時代である古第三紀を意味する英語の「Paleogene」にちなんだ「Pg」を使って「K／Pg境界大量絶滅」と呼ばれています。ちなみに、「白亜紀」に英語（Cretaceous）ではなく、ドイツ語を採用している理由は、「C」で始まる地質時代名がほかにいくつもあるからです。

K／Pg境界大量絶滅は、一般に恐竜の絶滅で知られています。1億6000万年間以上にわたって地上世界を席巻してきた恐竜は、**この大量絶滅事件でわずか1グループを残して絶滅しました。**

このIグループとは、鳥類のことです。恐竜類の中のIグループとして登場した鳥類は、この大量絶滅を生き延びました。しかし、けっして〝無傷〟というわけではなく、大きな打撃を受けていたことがわかっています。

ほかにも、空の翼竜類、海のクビナガリュウ類（首長竜類）、モササウルス類が、K／Pg境界大量絶滅で姿を消しています（いわゆる「中生代の三大海生爬虫類のうち、魚竜類は白亜紀末を待たずに絶滅しています）。

哺乳類はK／Pg境界大量絶滅を生き延びましたが、鳥類同様に大きなダメージを受けています。私たち現在を生きる哺乳類は、K／Pg境界大量絶滅をかろうじて生き残ったグループの末裔なのです。

ほかにも無脊椎動物では、アンモナイト類などが滅んでいます。

もしも現在なら……東京圏、瞬時に壊滅

この大量絶滅を招いたのは、小惑星の衝突が原因だったとみられています。

約6600万年前に衝突した小惑星の大きさは、直径10キロメートルほどとみられ

ています。この大きさは、東京を走る環状線の山手線の長径とほとんど同じです。そんな大きさの小惑星が、時速7万2000キロメートルというとんでもないスピードで衝突しました。

衝突のエネルギーは、広島型原爆の10億倍相当と見積もられています。衝突地点付近の気温は瞬時に1万℃に達したとされます。参考までに、鉄が沸騰する温度が2862℃。衝突地点からは何もかもが消え去ったことでしょう。

衝突の衝撃は、地震の規模を示すマグニチュードで11以上とされています。2011年におきた東北地方太平洋沖地震のマグニチュードが9・0です。すなわち、約6600万年前の衝撃は、マグニチュードで2以上も大きかったことになります。マグニチュードは1上がるとエネルギーが約32倍になりますから、2上がると約1000倍になります。とてつもない大きさになることがわかります。

衝突によって、地殻の表層が剥ぎ取られ、巨大なクレーターがつくられました。クレーターの大きさは、直径180キロメートルに及びます。

仮に現在の日本、たとえば、東京駅に同規模の小惑星が衝突したと仮定しましょう。すると、北は栃木県の宇都宮、東は千葉県の銚子、南は千葉県の館山を超え、西は山梨県の

甲州あたりがクレーターに含まれることになります。

この範囲が「瞬時に消える」ことになり、いわゆる東京圏は間違いなく壊滅します。

注目は「どうやって」の部分

K／Pg境界大量絶滅の原因に関しては、小惑星衝突説以外にもさまざまな仮説が提唱されています。しかし、21世紀もそろそろ20年が経とうかという現在では、小惑星衝突説が極めて有力といえます。

もともと小惑星衝突説は、1980年に発表されました。その後、メキシコのユカタン半島にクレーターが発見され、津波の痕跡も見つかり、他にもさまざまな証拠が報告されるようになりました。

小惑星衝突説以外の仮説でも、こうした証拠のいくつかは説明できます。しかし、**すべての証拠をまとめて説明できるのは、小惑星衝突説だけ**とみられているのです。

こうした状況を受けて、2010年にフリードリヒ・アレクサンダー大学（ドイツ）のペーター・シュルテさんや東北大学大学院の後藤和久さん、千葉工業大学の松井孝典さんたち合計41人もの世界中の研究者が名前を連ねて、「K／Pg境界大量絶滅の原因は、小惑星衝突だ」という趣旨の論文を発表しています（このあたりの経緯は、後藤さんの著書『決着！　恐竜絶滅論争』に書かれていますので、ぜひお読みください）。

現在では、K／Pg境界大量絶滅の「原因が何であるか」ということを議論することよりも、「小惑星衝突によって何が起きたのか」を細かく探ろうという議論が活発化しています。

この仮説の大まかな流れでは、小惑星衝突によって地殻表層が粉々になって大気中にばら撒かれ、その粉塵が太陽光を遮るようになり、日射量が低下。その結果、植物が枯れて植物食動物が減少し、それを捕食する肉食動物も滅んだとみられています。

しかし、このざっくりとしたシナリオでは説明できないことも少なくありません。たとえば、海洋生物の多くが滅んだ理由は、このシナリオではよくわかりません。

2014年に千葉工業大学の大野宗裕さんたちは、**"衝突場所は運が悪かった"**という指摘を発表しています。衝突場所にはたまたま酸性雨の材料になるものが溜まっており、衝突によってそれが粉塵とともに大気中にばらまかれたというのです。酸性雨は、海洋生物にも深刻なダメージを与えます。その結果、海洋生物の多くが滅んだということになります。

2016年には東北大学大学院の海保邦夫さんたちが、衝突によって大量のすすが発生したことを指摘しています。このすすによって、中・高緯度では寒冷化が発生し、そして、この寒冷化によって低緯度が乾燥化し植物が枯れたとされています。

このように、現在では、シナリオの細部を攻めた研究が盛んなのです。

ジュラシック・パークは実現可能？

ネアンデルタール人などで進む遺伝子研究

映画『ジュラシック・パーク』。SF作家のマイケル・クライトンの同名小説を原作とし、監督はスティーヴン・スピルバーグ。1993年に第1作が公開され、1997年に第2作、2001年に第3作と続きました。その後、2015年にはシリーズ名を『ジュラシック・ワールド』に変更して公開。新シリーズは2018年に続編が公開されました。『ジュラシック・ワールド』も3部作といわれています。

第1作より続くシリーズの科学的設定の根幹は、遺伝子操作によって恐竜のクローンを生み出そうというものです。中生代の琥珀の中に閉じ込められた蚊が注目され、その蚊が吸っていたであろう恐竜の血に含まれるDNA情報をベースとして、恐竜を現代に蘇らせるという技術が物語の土台となっています。

もちろん『ジュラシック・パーク』と『ジュラシック・ワールド』はともにフィクション

ですが、現実問題として絶滅した恐竜たちを、遺伝子技術によって現代によみがえらせることは可能なのでしょうか？

絶滅した生物の遺伝子に関する研究では、ネアンデルタール人（*Homo neanderthalensis*）の研究が盛んです。

ネアンデルタール人は約2万8000年前までヨーロッパに暮らしていた人類です。近年ではその化石に残されていた遺伝子の解析が進み、ネアンデルタール人と私たち現生人類（*Homo sapiens*）の間に交流・交雑があったことがわかっています。

人類以外では、ケナガマンモス（*Mammuthus primigenius*）のクローンをつくろうという研究も進められています。ケナガマンモスは約1万年前まで（地域によってはもっと新しい時期まで）ユーラシア大陸の北部で大繁栄していました。シベリアの永久凍土から、いわゆる「冷凍マンモス」と呼ばれる標本がいくつも見つかっています。この研究では、そうした冷凍マンモスから取り出した細胞の核を現生のゾウの卵子に埋め込んで、ゾウにケナガマンモスを出産させようとしています。

〝賞味期限〟がある！

ネアンデルタール人やケナガマンモスの研究例をみていると、恐竜の復活も夢ではないように思えるかもしれません。実際、恐竜に寄生していた可能性のある吸血ダニが入った琥珀も、そして小型恐竜の尾を内包した琥珀も見つかっています。

琥珀の中に恐竜！　いよいよ『ジュラシック・パーク』の再現か！

そう思われた方には申し訳ないのですが、絶滅した恐竜のクローンをつくることは、どうやら難しそうです。

問題は、まずこうした琥珀の内部の保存状態です。琥珀の内包物は、琥珀と接している表面は生きていたときの状態が保たれていますが、実はその内部では脱水が進んでいて30パーセントも縮小している場合があるとされています。

また、そもそもDNAには〝賞味期限〟があることが指摘されています。2012年にマードック大学（オーストラリア）のモートン・E・アレントフトさんたちが発表した研究によれば、DNAは死後521年ほどでその半分が壊れるそうです。1042年が経過すると、残ったDNAのさらに半分が壊れます。つまり、生存時の4分の1しか残って

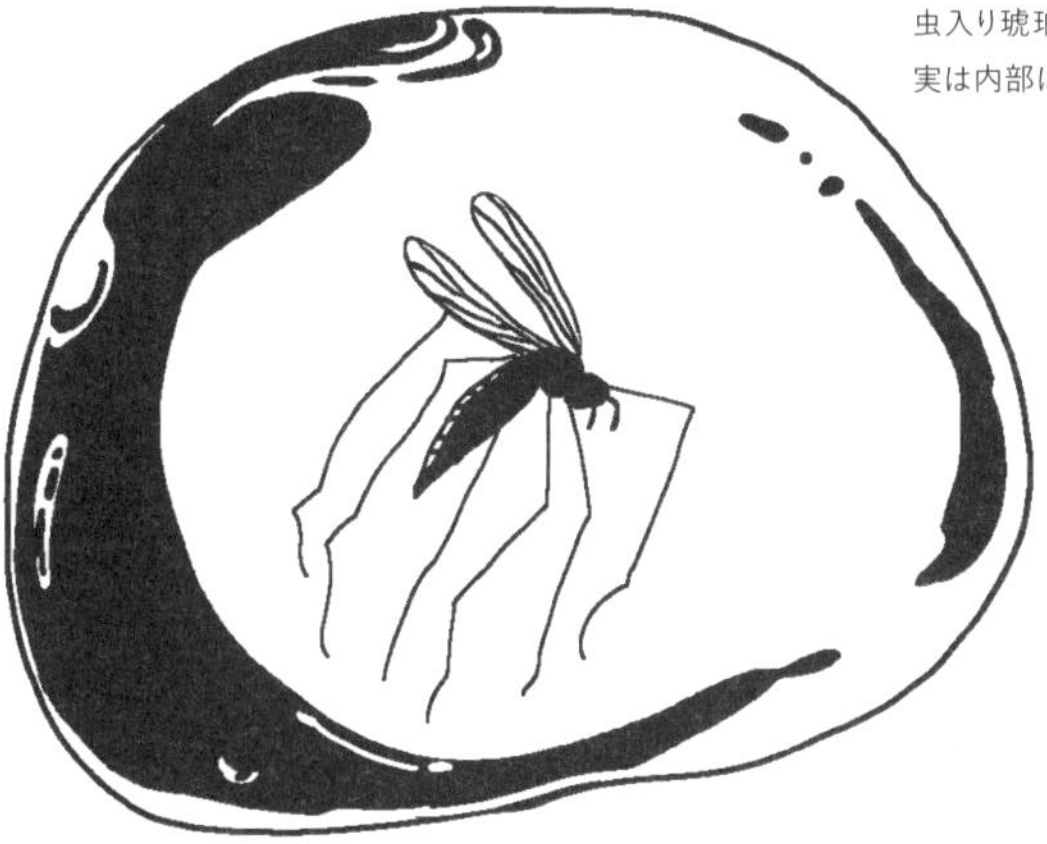

虫入り琥珀、
実は内部はスカスカ。

いません。恐竜が生きていた6600万年以上前ともなれば、ほとんどオリジナルのDNAは残っていないことになります。

さらに、現時点でDNA研究が進んでいるネアンデルタール人やケナガマンモスは、寒い時期に寒い地域に生きていました。この気候がDNAの保存に一役買っていたことは想像にかたくありません。

恐竜時代、とくに白亜紀は史上稀に見る温暖期。この点からみてもDNAの保存は絶望的です。どうやらジュラシックパークの世界をリアルにつくるのは難しそうです。

「鳥類」は「爬虫類」の一部。消えた「哺乳類型爬虫類」分類をめぐるアレコレ

使われなくなってきている「綱」「目」……

自然科学において、18世紀に活躍しよく知られた人物の一人に、カール・フォン・リンネがいます。

リンネは優れた生物学者であり、今日の分類学の礎を築いた人物として知られています。彼は、生物を分類する方法を編み出したのです。

それが「階層分類」。上位の階層のグループは、下位の階層のグループを含む、という考え方です。

たとえば、私たちヒトです。ヒトは、その学名を「ホモ・サピエンス（*Homo sapiens*）」といいます。階層分類によってこれを表記すると次のようになります。

動物界

脊索動物門
脊椎動物亜門
哺乳綱
霊長目
ヒト科
ホモ属
サピエンス（種）

この「界」「門」「綱」「目」「科」「属」「種」という単位が階層です。動物界には脊椎動物門以外にも、軟体動物門、節足動物門などのたくさんの門がありますし、脊椎動物門の中には哺乳綱以外にも爬虫綱、両生綱、鳥綱などの綱があります。同様に、哺乳綱、霊長目、ヒト科、ホモ属といった「綱」「目」「科」「属」にも、たくさんの下位のグループが含まれています。

階層分類の優れているところは、「界」「門」「綱」「目」「科」「属」「種」という上下関係さえ覚えていれば、そのグループがおよそどのくらいの〝レベル〟なのかがわかるという点です。

たとえば、霊長目は哺乳綱の一員であり、哺乳綱といえば、それなりに大きなグループであるということが、「綱」という文字から〝なんとなくわかる〟という利点があります。

ところが近年、古生物の世界、とくに恐竜を中心にこうした階層分類を使わない傾向が強まっています。

たとえば、階層分類に従えば、かの有名な肉食恐竜ティラノサウルス・レックス（*Tyrannosaurus rex*）は、次のように表記されます。

動物界
脊索動物門
脊椎動物亜門
爬虫綱
恐竜上目
竜盤目
獣脚亜目
ティラノサウルス科
ティラノサウルス属
レックス（種）

……上目の「上」や、亜目の「亜」は、それぞれ特定の階層の上下を表す言葉です。「門」「綱」「目」「科」「属」「種」という6階層だけで足らない場合に用いられます。

一見するとこの分類群は問題なさそうです。

しかし、鳥類のことを考えると階層分類は破綻してしまうのです。

研究の進展により、鳥類は恐竜上目の中の竜盤目の中の獣脚亜目の一部であることが明らかになりました。その結果、たとえば、スズメこと学名パッセール・モンタヌス（*Passer montanus*）を階層分類で表記すると次のようになります。

動物界
脊索動物門
脊椎動物亜門
爬虫綱
恐竜上目
竜盤目
獣脚亜目
鳥綱

スズメ目
スズメ科
パッセール属
モンタヌス（種）
……「亜目」の下に「綱」があるという逆転現象が生じます。

もともと**階層分類はあくまでも「分類」で、そこに進化の概念は含まれていない**ため、進化のことを考えると矛盾してしまうのです。

そこで近年では、こうした混乱を防ぐために階層分類を使わずに、科以上の分類群には「類」を用いることが多くなっています。

消えていく「哺乳類型爬虫類」

研究の進展で消えつつある名称もたくさんあります。たとえば「哺乳類型爬虫類」です。「ディメトロドン（*Dimetrodon*）」などに代表されます。哺乳類型爬虫類という言葉には、もともと哺乳類は爬虫類から進化したものという見方があり、哺乳類型爬虫類は哺乳類

と爬虫類の中間型生物のグループという認識がありました。

しかし近年では、哺乳類は爬虫類から進化したものではなく、簡単にいえば両生類からその祖先グループが〝直接〟進化したと考えられるようになっています。そして、哺乳類型爬虫類は爬虫類ではなく、むしろこの哺乳類の祖先グループに属する、もしくは近縁のものとみなされるようになりました。そのため、哺乳類を含むより大きなグループの名称、「単弓類」を用いることが多くなっています。

遺伝子解析を用いたり、さまざまな特徴をコンピューターで解析することができるようになったことで、分類の仕方は21世紀に入ってから大きく変わりました。かつて学校の教科書で習った〝常識〟が、変化してきているのです。

第5章 — 古生物に親しむ

古生物をもっと知りたい！

博物館へ行こう！　本を読もう！

この本で紹介した古生物や古生物に関する話題は、古生物学という学問の研究成果にまつわるものばかりです。

古生物学はとても身近なサイエンスです。

もっと詳しく知りたいな、と思ったら、まずは博物館を訪ねてみてください。この本の内容と関わりの深い展示物がある博物館については229ページにまとめました。もちろん、日本にある博物館は229ページにまとめた10館だけではありません。各地域には地元の化石を扱った自然史系の博物館があることが多く、そうした博物館の中には、世界的にも貴重な展示物がある場合も少なくありません。

〝地域の博物館〟ではなくても、大学や研究機関にも博物館がある場合があります。大学構内や研究機関内にある博物館は、立ち入りに気後れを感じるかもしれません。しかし多くの場合で、入場は自由です。ホームページなどで確認してみてください。

一度訪ねたことがある博物館でも、ホームページなどを頻繁にチェックすることは大切です。多くの博物館が期間を限定して企画展を開催しています。そうした企画展の中には化石を扱うものがあり、普段は目にすることはできないような貴重な標本を目にすることができるでしょう。

もちろん、本を読むことも大切です。

筆者のところには、ときおり「古生物の本ってたくさんあるけれども、どのような本を読んだら良いのか」という質問が寄せられることがあります。

「では、まず拙著のどれかを」と答えるのは簡単ですが（笑）、ここは客観的に筆者なりの推薦基準をまとめておきます。

いわゆる「恐竜本」を含む **〝古生物本〟はたしかに多数刊行されています。しかし、その実はかなり玉石混淆です**。

そこでまずオススメしたいのは、研究者自身が執筆されている本です。専門分野をもつ研究者が自分自身の専門分野について書いた本。その分野のプロだからこそ知っている情報が書かれており、臨場感のある記述も多くあります。

次にオススメしたいのは、研究者が監修あるいは協力し、サイエンスライターが執筆した本。たとえば、今、あなたが読んでいるこの本です。この場合、監修者とサイエンスライターの略歴をチェックされることが大切です。監修者は古生物分野の専門家かどうか、サイエンスライターはきちんとした実績のある人物かを確認してみましょう。

本格的に学びたいなら大学へ

古生物学をもっと本格的に学びたい。自分でも研究をしてみたい。

そんな人は、大学や大学院への入学をおすすめします。

古生物学のある大学を探してみましょう。国立・私立を問わず、日本全国には古生物学を学び、研究できる大学はたくさんあります。基本的には、理学部、理工学部などの理系学部で古生物学は開講されています。

ここでポイントとなるのは「大学」で選ぶのではなく、「研究者」で選ぶこと。古生物学を学ぶことができる大学はたくさんあり、研究者も多く所属しています。しかし、それでも理系全般でみれば、古生物学を学ぶことができる機会はけっして多くはありません。

一つの大学に、古生物学の全分野の専門家がそろっているということはありえません(どの学問にもいえることですが)。

ホームページなどで、その大学にいる古生物学者は何を専門としているのか、どのような研究実績があるのかなどを調べてみましょう。

もちろん、研究者自身の専門分野ではなくても、学んだり、研究することができる場合があります。実は、筆者自身はその例の一人です。

筆者は、大学ではイノセラムスという白亜紀の巨大二枚貝の化石、大学院では白亜紀の花粉化石を研究テーマとしましたが、いずれも直属の指導教官の得意分野ではありませんでした。他大学や他研究機関の研究者に指導して頂きながら、同世代の他大学の仲間たちと情報交換しつつ研究を進めたものです。

ただし、こうした指導教官の得意分野外を研究することはそれなりに苦労を伴いますし(まあ、それが楽しいというのもありますが)、必ずしも得意分野外の研究をすることが許されるわけではありません。基本的には研究者自身の専門分野、あるいはそれに近いテーマから自分の研究を始めることが王道といえます。

「化石友の会」に入ってみませんか

この本の監修者である加藤太一さんも、筆者も日本古生物学会という組織に所属しています。

日本古生物学会は、古生物学の進歩と普及を目的とした組織で、1935年に設立されました。日本における古生物学研究の軸であり、国内外に1000名以上の会員がいます。

「学会」と聞くと、研究者ばかりと敷居が高いように思えるかもしれません。たしかにそうした学会もありますが、日本古生物学会にはとても多様な人たちが参加しています。学会員は、大学や博物館の研究者のほか、学校教員、会社員、農家、漫画家など非常に多様です。

日本古生物学会の中には、「化石友の会」という組織があります。化石友の会は、「古生物学者になりたい」「古生物の研究最前線を知りたい」という一般の人々が集まった会です。会員数は約300名で、子供から大人まで世代や職業を問わず、さまざまな人が参加しています。無料ではありませんが、会費さえ払えば、だれでも入会することが可

化石発掘体験イベント。化石は見つかるかな？
Photo：化石友の会

能です。

入会すると専門誌『化石』が年間2冊届き、6月と1月に開催される日本古生物学会の研究集会に化石友の会会員の割引価格で参加できます。研究集会では化石友の会会員対象の特別イベントもあります。日本古生物学会の研究者が運営していますので、いろいろな相談にものってくれるはずです。

興味をもったら、「化石友の会」をインターネットで検索してみてください。

「化石の王様」は恐竜じゃない？

圧倒的種数を誇る動物群

「化石の王様」と聞くと、恐竜を思い浮かべる人は少なくないでしょう。

たしかに恐竜は、古生物の中では群を抜いて有名です。子ども向けの学習図鑑に注目しても、多くの出版社から「動物」「魚」「昆虫」などと並んで「恐竜」という単独タイトルの図鑑が刊行されています。

そして、そうした恐竜図鑑を開くと、そこにはとてもたくさんの恐竜が掲載されています。

恐竜ってたくさんいるんだな。そう思われても不思議はありません。

実際のところ、恐竜の種数はどのくらいいるのでしょうか？

これは実は、答えることが難しい質問なのです。毎年新種が報告されていますし、研究の進展によって独立した種ではなくなり、抹消される種名も少なからずあります。研究者による見解の違いもあります。

一つの例をあげると、オスロ大学（ノルウェー）のジョスティン・スタールフェルトさんとリー・ハシアン・リオウさんが、2016年に恐竜の種数を計算した〝直球の論文〟を発表しています。この二人の計算によると、恐竜は少なかった場合で1543種、多かった場合で2468種いたのではないか、とのことです。

これはあくまでも一例ですし、厳密にいえば約1万種いるとされる現生鳥類は恐竜類に含まれます。そのため、この値を含めると数字は跳ね上がりますが……ここでは鳥類以外の恐竜類を対象としておきましょう。

1000種以上という数字をみると、恐竜類にはとてもたくさんの種がいるように見えます。たしかに、少ない数字ではありません。

しかし古生物には、恐竜類と同等のネームバリューをもち、1万種を超えるというグループがいます。

それが「三葉虫類」と「アンモナイト類」。彼らこそが「化石の王様」と呼ばれるグループです。

3億年の〝進化の目撃者〟

三葉虫類は、古生代に栄えた節足動物のグループです。

出現当初の三葉虫類は、平たい種ばかりでした。その後、まるでカタツムリのように長い柄の先に眼をもつものが現れたり、食器のフォークのような構造を頭部の先端にもつ種が現れたり、全身を大小のトゲで武装した種が登場したりしました。三葉虫類の多くの種は10センチメートル前後の大きさですが、なかには50センチメートル以上の大型種も確認されています。

古生代のほぼ全期間、**3億年間弱にわたって命脈をたもったため**、さまざまな動物の栄枯盛衰をみてきた三葉虫類は、「進化の目撃者」ともよばれています。ちなみに、「3億年」という期間は恐竜類のそれの倍です。

タコやイカの仲間

アンモナイト類は、タコやイカ、二枚貝などと同じ軟体動物の一員です。その祖先は古

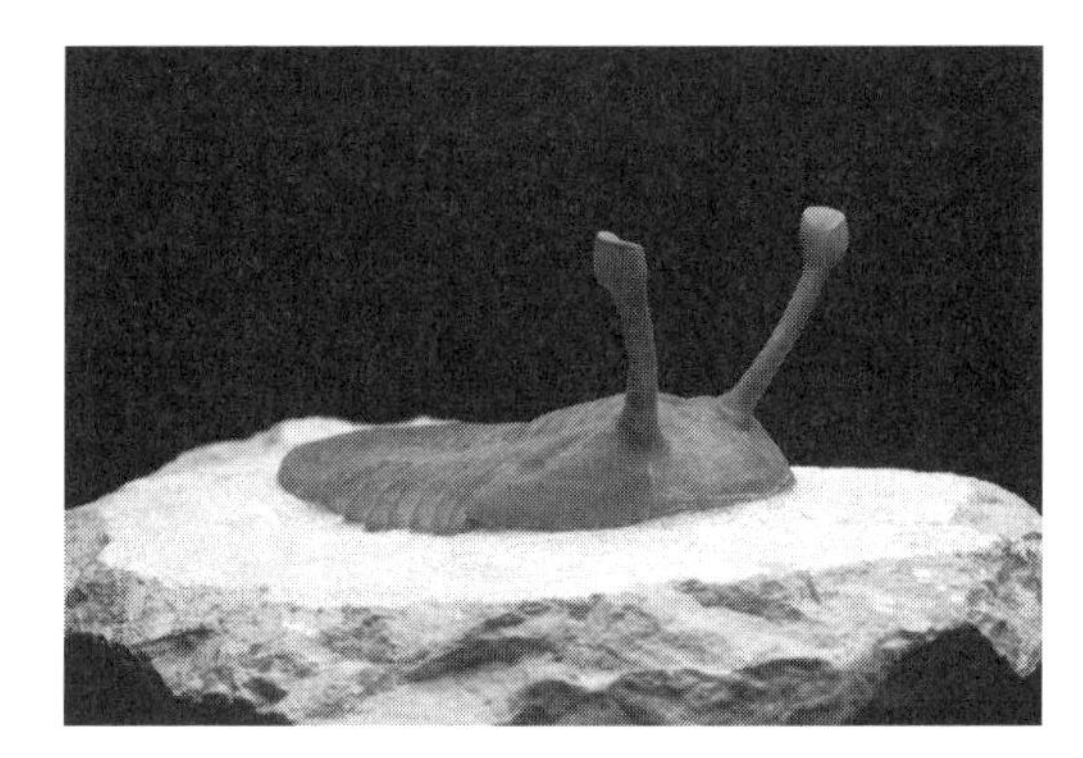

三葉虫各種。
その姿形の多様性は
眼をひくものがあります。
（Photo：オフィス ジオパレオント）

生代の後半に出現し、中生代末に恐竜類とともに絶滅しました。一見すると似たような形ばかりに見えるかもしれませんが、殻の厚み、巻き方の密度、肋（殻の表面の凹凸）、殻の表面に見える模様（正確には、外殻を一枚剥がした下に見える模様）の形などは実に多様です。この模様が菊の葉のように見えることから、日本ではかつてアンモナイトのことを「菊石」と呼んでいたことがあります。

また、アンモナイト類の中には「異常巻き」と呼ばれ、とても不思議な巻き方をする種もたくさん確認されています。たとえば、141ページで紹介したニッポニテスがそうした異常巻きの代表です。

種数が多いだけではなく、形も多様性に富む三葉虫類とアンモナイト類は、多くの研究者を魅了しています。とくに日本は、アンモナイトの世界的な化石産地である北海道を擁しているため、多くのアンモナイト研究者がいます。筆者も、直接的ではないにしろ、大学・大学院時代にはアンモナイトを使っていました。そして、多くのファンも生み出しており、愛好家・収集家は国内外にたくさんいます。

さまざまなアンモナイト類。
似たように見えて肋（殻の表面にある凸構造）や巻の密度が異なります。
（Photo：オフィス ジオパレオント）

アマチュア大貢献

女子中学生の発見から始まった日本最大の恐竜化石産地

昭和57年（1982年）夏、福井県鯖江市に住む女子中学生の松田亜規さんが、家族とともに石川県白峰村（現在の白山市）にある桑島化石壁へドライブに出かけました。白峰村の桑島化石壁は、明治時代から植物化石がたくさん見つかることで知られている化石産地で、文字通り「壁」となって地層がむき出しの状態となっている場所です。

このとき、松田さんは、壁の前の道路に落ちていた石をいくつか持ち帰りました。帰宅してその石を整理していたところ、一つの石を誤って落としてしまいます。二つに割れたその中から歯の化石のようなものが見つかりました。

松田さんはその後しばらく、化石を自分で保管していましたが、昭和60年（1985年）に福井県立博物館へと化石を届けました。その化石は、古脊椎動物の研究者として知られていた横浜国立大学の長谷川善和さんのところへと転送され、肉食恐竜の歯と同定されます。

女子中学生の何気ないこの発見は、その後の日本における恐竜化石研究を大きく変えることになりました。

その後の調査で新たに化石が発見され、とくに恐竜の化石や足跡が数多く発見された福井県勝山市において大規模な発掘計画が展開されることになります。

現在では、勝山市は日本最大の恐竜化石産地であり、発掘現場近くに建設された福井県立恐竜博物館は、開館から20年が経過しようとしている現在でも、多くの来場者が訪問するという日本屈指の人気博物館となっています。

この勝山市のような「発掘調査」という大規模なものは、プロの技術と組織力がなければ実現できないものです。しかし、「発掘」の端緒となるような「発見」は、必ずしもプロによるものではありません。

むしろ、日本における、とくに中生代の大型動物化石の発見には、アマチュアの愛好家が大きく関わってきました。

高校生の発見からピー助

福井県の女子中学生による歯化石の発見から14年前のことです。

昭和43年（1968年）、福島県の高校生、鈴木直さんは叔母さんの家のすぐ裏を流れる川で、化石採集をしていました。中学生時代に郷土の化石に関する本を読んでからずっと個人で進めてきた活動で、ときには学術論文も参考にしていたとか。

そしてある日、その川の崖で動物の脊椎骨3個を発見し、その旨を手紙に書いて、国立科学博物館へと送りました。

当時の国立科学博物館には、アンモナイトの専門家である小畠郁生さんと、古脊椎動物の専門家でのちに横浜国立大学の教授となる長谷川さんが所属していました。

二人の研究者は、鈴木さんからの手紙を受けてすぐにその重要性を看破。福島県へと向かいます。そして現地で鈴木さんと合流し、鈴木さんが発見した骨化石がクビナガリュウ類（首長竜類）のものであると同定します。

このクビナガリュウ類の化石こそ、**日本産の古生物ではトップクラスの知名度をもつことになる「フタバスズキリュウ」**です。

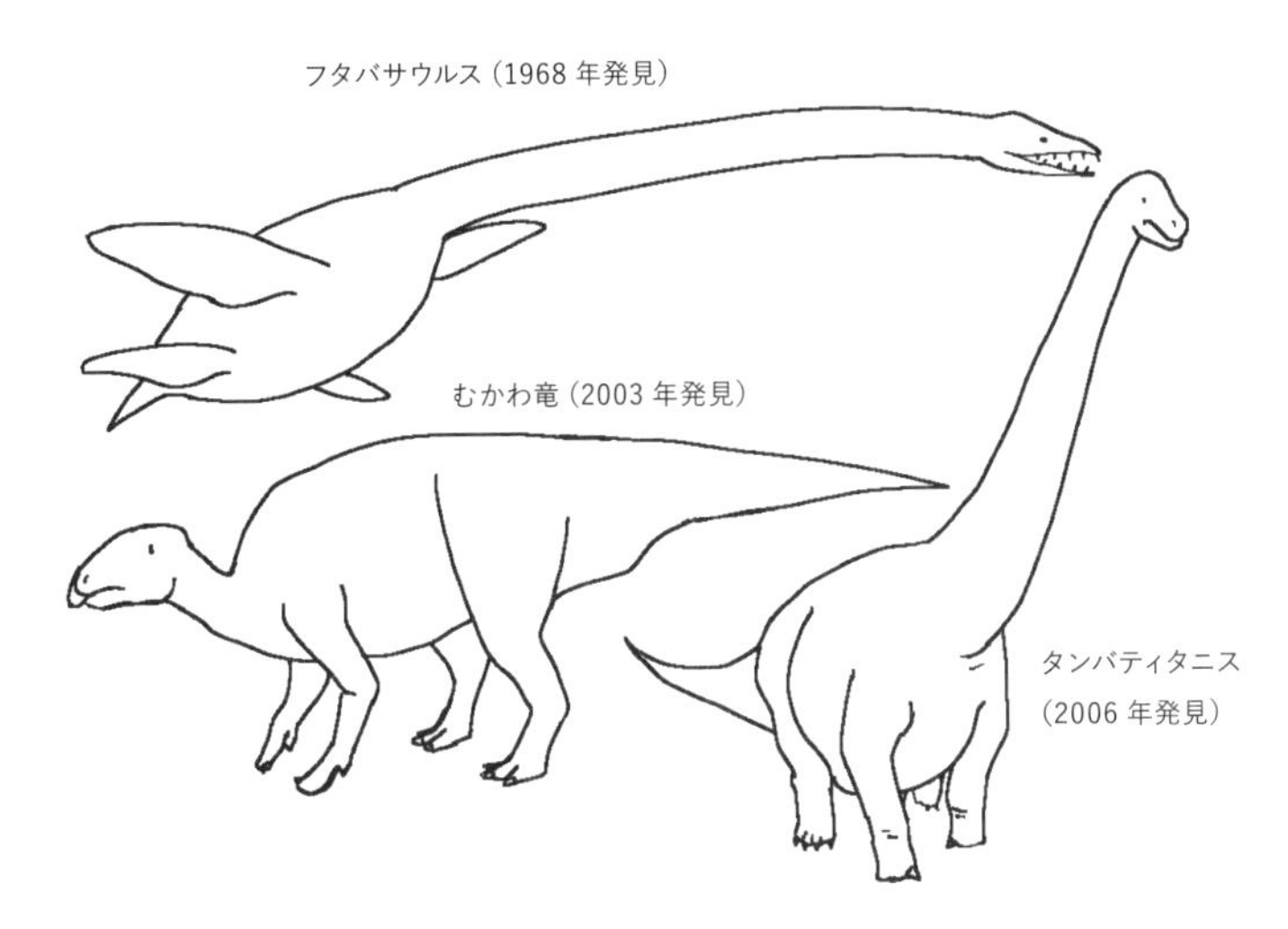

フタバスズキリュウの発見と発掘については、長谷川さんの著書である『フタバスズキリュウ発掘物語』に、そしてフタバスズキリュウが国際的に新種として認められ、学名の「フタバサウルス・スズキイ（*Futabasaurus suzukii*）」と名付けられるまでの経緯については、クビナガリュウ類の専門家である東京学芸大学の佐藤たまきさんの著書『フタバスズキリュウ　もう一つの物語』に詳しく書かれています。

リハビリ途中で見つけられた

発見物語は、若者だけの特権ではありません。

平成18年（2006年）。定年退職後の趣味として地質調査を行っていた足立洌さんと村上茂さんが、兵庫県丹波市の山中で脊椎動物の化石を発見しました。この化石は、兵庫県立人と自然の博物館の三枝春生さんのところへ持ち込まれました。

三枝さんは恐竜化石と判断。すぐさま調査と発掘計画を展開しました。これが通称「丹波竜」の発見です。

丹波竜は推定全長15メートル、長い首と長い尾をもつ竜脚類というグループの恐竜です。平成26年（2014年）に新種として認められ、「タンバティタニス・アミキティアエ（*Tambatitanis amicitiae*）」と学名がつけられました。「アミキティアエ」は「友情」にちなむ単語で、大学時代以来の友達であるという足立さんと村上さんに捧げられたものです。

そして、足立さんと村上さんの発見に先立つ平成15年（2003年）、北海道穂別町（現在のむかわ町穂別）では、53歳の化石収集家、堀田良幸さんが痛めた足のリハビリとして山中を歩いていました。そしてある日、脊椎動物の骨の化石が入った岩の塊（コンクリーション）を見つけます。

堀田さんは穂別博物館（現在のむかわ町穂別博物館）の櫻井和彦さんに連絡し、櫻井さんたちとともにそれを回収しました。この化石は当初、穂別町で比較的よく見つかっていたクビナガリュウ類のものと判断され、研究の優先度が高くないものとして収蔵庫で保管されることになりました。

しかし、平成22年（2010年）にクビナガリュウ類の専門家である東京学芸大学の佐藤さんが来館し、この骨は恐竜のものではないか、と指摘します。そして、恐竜の専門家である北海道大学総合博物館の小林快次さんの分析によって恐竜化石として断定され、小林さんの指揮のもと、大規模な発掘が進められたのです。

この化石こそ、日本の恐竜研究史上トップクラスの保存率をもつ大型恐竜、「むかわ竜」です。なお、むかわ竜の発見と発掘に関しては、ぜひ、拙著の『ザ・パーフェクト』をご覧ください。

いずれの例も共通する点は、発見後すぐに専門家のもとへ届けていることです。そのため、化石の保存と発掘が的確に行われています。

日本の古生物学史は、アマチュアと専門家が一体となり、歴史を紡いできたことがよくわかります。

化石採集って誰でもできるの？

のび太のような化石採集は許されるのか？

日本における〝恐竜啓蒙史〟に欠かすことができないアニメ映画といえば『ドラえもんのび太の恐竜』です。1980年に公開され、2006年にはリメイク版もつくられています。1980年版も、2006年版のどちらも多くの世代に恐竜や古生物の魅力を世間に広く伝えた名作といえるでしょう。

この作品で、のび太はクビナガリュウ類（首長竜類）の卵の化石を裏山前の民家の庭から発見し、そのまま持ち帰ってしまいます。

もちろんフィクションならではの行動ではありますが、ここでこうした化石採集が許されるかどうかを現実的に考えてみましょう。

作中では、のび太はまず、民家の裏にある山の崖を採掘します。これがいきなりNGです。

裏山の所有者に関する描写は作中ではなされていませんが、野比家のものではないことはたしかでしょうし、急峻な崖になっていることを考えても、むやみに接近することが許される場所とは思えません。そもそも、いくら日常的に自由に入ることが許されている山であっても、山の所有者に採掘の許可を取得していなければ、崖を掘って化石採集をすることは許されません。

また、落石や土砂崩れなどの危険がある場所で、軽装備で、一人で化石採集をすることは、許可云々の前に命の危険さえあります。

ちなみに作中では、結局、のび太は裏山の崖ではなく、民家の庭で卵の化石を発見し、それを民家の主人と思われる男性に無断で持ち帰ってしまいます。これももちろんＮＧです。

他人の家の庭で見つけたものを持ち帰るとなれば、これはもはや窃盗です。もう一つ、「ちなみに」を付け加えておくと、そもそもクビナガリュウ類は、胎生で、卵を産まないとみられていますが……まあ、このことは置いておきましょう。また、「リュウ（竜）」という文字を使っていますが、クビナガリュウ類は恐竜ではありません。

許可と計画が必要

化石採集を行う場合、その土地の所有者の許可を得る必要があります。筆者は大学・大学院時代に北海道の山中で地質調査と化石採集を行っていました。その際、該当地域を管轄する営林署にあらかじめ調査計画を提出し、化石採集の許可を得ていました。

化石採集をして良い場所かどうかがわからない場合は、その地域にある自然史系の博物館に事前に確認をした方が良いでしょう。

また、筆者の例を挙げるまでもなく、日本における化石採集ができる場所の多くは、都市部から遠く離れています。川や沢、崖などの近くで活動することも少なくありません。

何か事故にあった場合に備え、調査計画を事前にしっかりとたてて、帰還予定時刻までに戻ってこなければ、警察などに届け出てくれるように手配しておくことが大切です。調査自体、ヘルメットをはじめとする基本装備は必須。そして、必ず大人を含む（できれば）複数人で行動するようにしましょう。

なお、基本装備については、市販の化石本などに載っていますので参考にしてください。

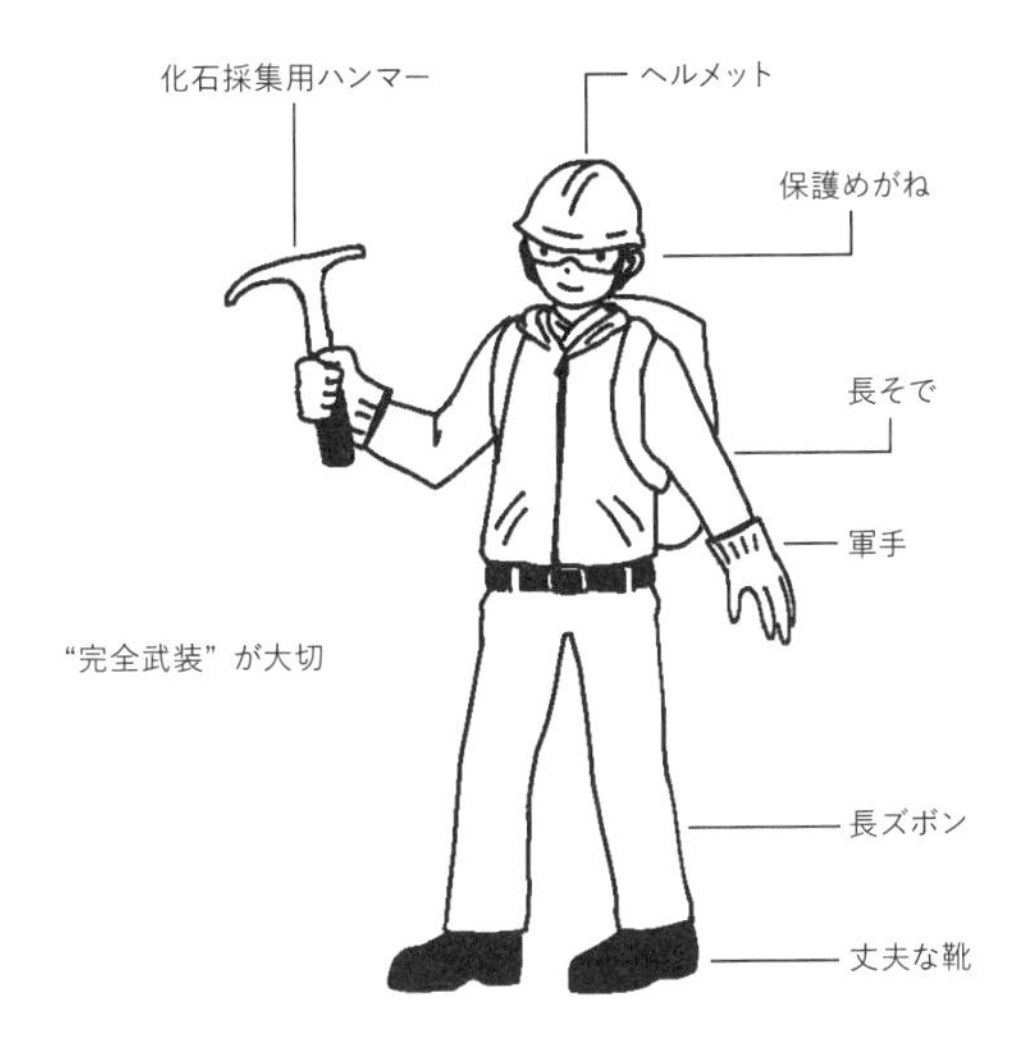

"完全武装"が大切

発掘「体験」のできる博物館もある

自然史系の博物館の中には、その敷地内で化石発掘体験ができたり、あるいは、化石発掘のイベントが企画されたりします。そうした「体験コーナー」では、もちろん専門家がいます。まずは、そうした体験から始めてみるのも良いでしょう。

監修者選・古生物の神セブン！

本書もいよいよ終わりが近づきました。

最後に監修者であるミュージアムパーク茨城県自然博物館の加藤太一さんに、加藤さんの〝推し古生物〟を選んでもらいました。

すなわち、加藤太一選の「古生物神セブン」です。


ニッポニテス、スミロドン、デスモスチルス、メガロドン、フタバスズキリュウ

当然のことながら、加藤さんが選んだ古生物の多くは、本書でも紹介しています。まずは、そうした古生物を紹介しましょう。

アンモナイト類の「**ニッポニテス**（*Nipponites*）」。加藤さんの選定理由は、「異常巻きの中に見いだされた規則性が美しい」から。本書では141ページで紹介しました。

次に、「サーベルタイガー」として知られる「**スミロドン**（*Smilodon*）」（163ページ収録)。選定理由は、「『大きな牙=かっこいい!』を体現する存在」故に。

柱が束になった歯をもつ謎の絶滅哺乳類の「**デスモスチルス**(*Desmostylus*)」(55ページ収録)。選定理由は、「まだまだ謎が多いことが魅力」。

天狗の爪ともいわれていた巨大な歯化石を残すサメ「メガロドン」。こちらは、63ページで名前が挙がっています。選定理由は、「いったいどれだけ大きかったのか、という不思議にロマンを感じる」。

「**フタバスズキリュウ**」は、1968年に高校生の鈴木直さんによって、福島県の双葉層群という地層からその化石が発見されたクビナガリュウ類。2006年になって新種と認められ、「フタバサウルス・スズキイ(*Futabasaurus suzukii*)」の学名がつけられました。選定理由は、「高校生の地道な努力による大発見。日本の化石少年・少女にとって伝説的な存在といえるでしょう」とのこと。

ここから先は、本書では紹介してこなかった残りの2種類について。

ナウマンゾウ

北海道から九州までの日本各地、東京でも日本橋や池袋、原宿などで化石が発見されています。約34万年前に大陸から日本にやってきて、約2万年前に絶滅しました。

学名は「**パレオロクソドン・ナウマンニ**（*Palaeoloxodon naumanni*）」。ナウマンニの部分は、明治時代初期に来日し、日本の近代地質学、近代古生物学の構築に大いに尽力をしたドイツ人地質学者のハインリッヒ・E・ナウマンさんへの献名です。

ナウマンゾウの大きさは肩高3メートルほど。最大の特徴は頭部です。その形はまるでベレー帽をかぶっているように見えます。

神セブン選定理由は、「日本各地でたくさん化石が見つかっています。日本でも、ちょっと前までそのあたりにゾウがいたという意外性を示す古生物です」とのこと。

ティラノサウルス（子ども）

最後に、加藤さんが神セブンのセンターとして選んだのは、本書でも66ページでがっつりと

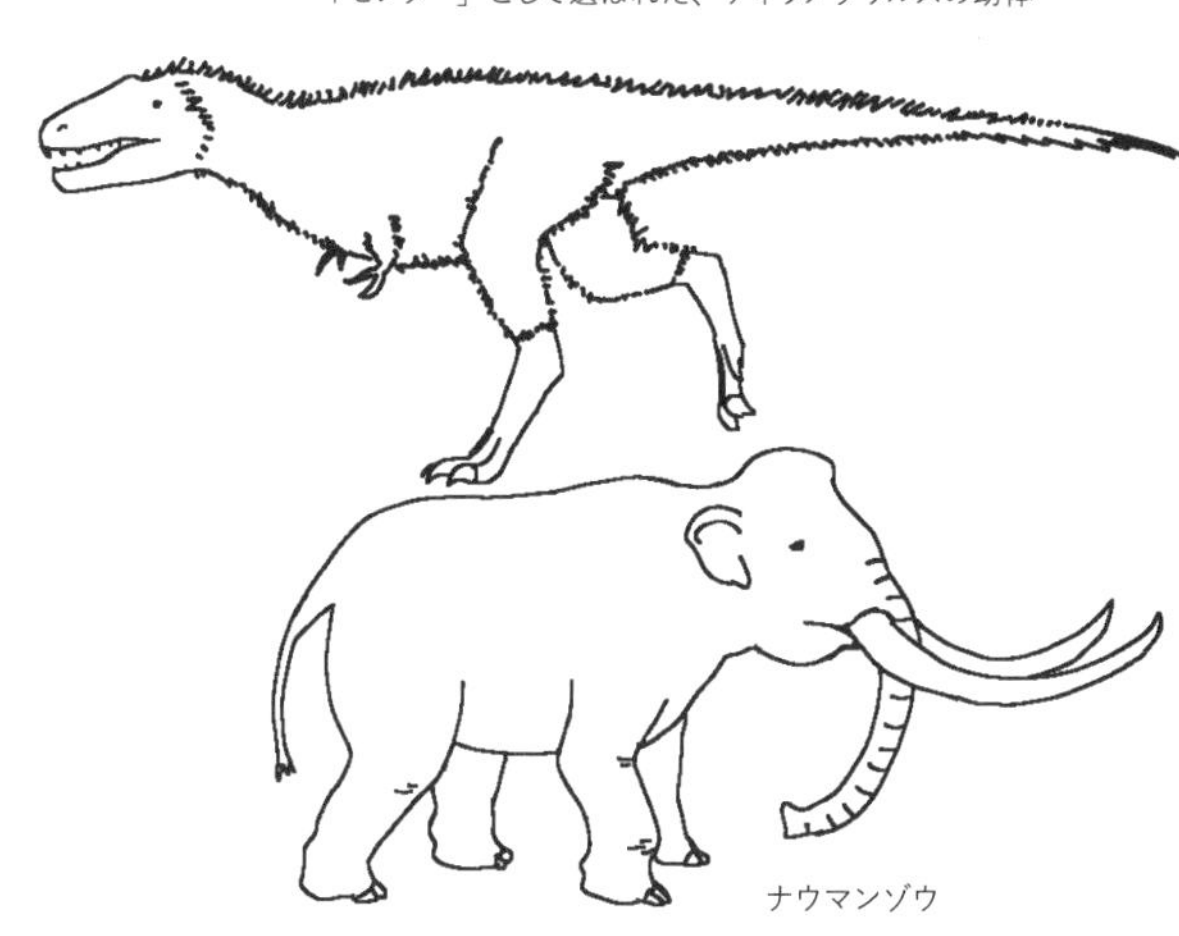

「センター」として選ばれた、ティラノサウルスの幼体

紹介した「**ティラノサウルス**（*Tyrannosaurus*）」です。いわずと知れた肉食恐竜の代名詞。圧倒的な知名度を誇る古生物です。

ただし今回は、「子ども」という条件がつきます。おとな（成体）ではないのです。

加藤さんの選定理由は、「本当にティラノサウルスの子どものなのか？　議論がとても熱い恐竜だから」とのこと。

加藤さんの「議論が熱い」という指摘には、もちろん理由があります。

72ページで、古生物の雌雄は認識が難しく、同種の雌雄であっても別種として報告されている可能性があると紹介しました。

実はこれは、世代についても同様です。同種であっても、世代による差が大きければ、別種として報告されている可能性があるのです。

ポイントは、ティラノサウルスの子どもの姿は、まだはっきりとわかっていないということ。幼体、亜成体（いわゆる「若者」）のティラノサウルスと断言できる標本はまだ見つかっていません。

一方、ティラノサウルスは他種を圧倒する脅威の成長速度をもっていたことで知られています。その成長速度とは、最大1年で767キログラム！　1日に約2キログラムの速度で成長したとみられています。これは近縁他種の4倍以上になります。

この成長速度は一生を通してのものではなく、10代に集中していました。

このことは、成長期前、成長期中、成長期後でその姿が大きく変わった可能性があることを示しています。実際、近縁種には、成体と幼体で頭骨のつくりが異なる種も報告されています。

ティラノサウルスに関しては、「幼体ではないか」「亜成体ではないか」といわれている別種の標本があります。今後の研究次第で、これらの種がティラノサウルスの子どもと認定されるかどうか。注目されているわけです。

博物館へ行こう

日本各地にはさまざまな博物館があります。その多くが魅力的で、知的好奇心や知的探究心を満たしてくれます。本書を読んだらぜひ、近郊の博物館を訪ねてみてください。

ここで、本書の内容にとくに深い関係のある博物館を筆者の視点で紹介していきましょう。なお、すべての情報は執筆時点のものです。また、訪問の際には必ずホームページなどで休館日やアクセスの情報を確認してください。

ミュージアムパーク茨城県自然博物館（茨城県坂東市）

いささかアクセスに不便を感じる立地ですが、そのアクセス難を補って余りあるのが充実の展示です。化石に焦点を絞っても、先カンブリア時代から新生代までのさまざまな標本が並んでいます。

見所の一つは、ティラノサウルスの亜成体、幼体、トリケラトプスなどのジオラマ。こ

ミュージアムパーク茨城県自然博物館（Photo：オフィス ジオパレオント）

のジオラマ、なんと動きます。植生にもこだわりが見られるほか、哺乳類などもしっかりと配置されていて、細部まで観察する楽しさがあります。

ゾウ類の頭骨が「牙のない状態」で展示されていることもポイントです。この牙のないゾウ類頭骨をみれば、なるほど古代人がこれからキュクロプスなどの怪異を想像（創造）するのも納得というものです。

他にもサーベルタイガーのスミロドンの実骨化石など、見逃せない標本ばかりです。

足寄動物化石博物館（北海道足寄郡足寄町）

束柱類といえば、この博物館。

さまざまな束柱類の全身復元骨格が展示されています。とくにデスモスチルスの全身復元骨格は、3人の研究者による3タイプの復元が展示されていて、研究者間の考えの違いをじっくりと観察することができます。

三笠市立博物館（北海道三笠市）

アンモナイトといえば、この博物館。

北海道産アンモナイト約190種600点を中核に、総数約1000点の展示があります。もちろん、日本を代表する異常巻きアンモナイトのニッポニテス、そしてその祖先にあたると考えられているユーボストリコセラスも展示。解説はマニアックでアンモナイトを本格的に勉強したい方にはぴったりです。

佐野市葛生化石館（栃木県佐野市）

ペルム紀後期に栄えたイノストランケヴィアの全身復元骨格があります。他にも、ペルム紀の古生物に関する展示がいくつもある博物館です。

群馬県立自然史博物館（群馬県富岡市）

ペルム紀前期に栄えたディメトロドンの全身復元骨格があります。この骨格には、実骨が使用されているので、くわしく観察したいところです。他にも、トリケラトプスの発掘現場を真上からのぞくことができるジオラマや、多くの恐竜化石、三葉虫化石、アンモナイト化石などがあります。生命史全体を俯瞰できる博物館でもあります。

国立科学博物館（東京都台東区）

通称「かはく」。地球館地下2階には、三葉虫化石がずらりと並んだコーナーがあるほか、その奥にはパキケタスをはじめとする初期のクジラ類の全身復元骨格が展示されています。モササウルス類の迫力のある全身復元骨格もあります。日本館には、フタバスズキリュウ関連の展示、日本を代表する異常巻きアンモナイトのニッポニテスも展示されています。時間をかけてじっくりと見たい博物館です。

福井県立恐竜博物館（福井県勝山市）

恐竜といえば、この博物館です。全身復元骨格だけでも40体以上という充実を誇ります。フクイサウルスなどの地元の恐竜も展示されています。いささかアクセスに難のある立地ではありますが、一度行けば、終日楽しめる博物館です。

豊橋市自然史博物館（愛知県豊橋市）

ツリモンストラム、およびツリモンストラムと同じ産地（メゾンクリーク）の化石がとても充実しています。その他、生命史全般を通じて工夫のある展示が多く、楽しみながらも貴重な標本を楽しむことができます。

丹波竜化石工房（兵庫県丹波市）

世界に一つしかないタンバティタニスの全身復元骨格があります。その他にも、珍しい鎧竜類の化石なども展示されています。アクセスがいささか困難で、且つ小さな博物館ですが、展示はとても楽しめます。

北九州市立自然史・歴史博物館（福岡県北九州市）

ティラノサウルスの標本が充実している博物館です。パリの自然史博物館を彷彿とさせるような〝大行進の展示スタイル〟は必見です。

ここがスゴイ!!

ミュージアムパーク
茨城県自然博物館

「過去に学び、現在を識り、未来を測る」を基本理念とし、肌で古生物の歴史を感じることができる、ミュージアムパーク茨城県自然博物館。数々のこだわりと工夫を凝らした展示で人気を博す、日本でも有数の博物館だ。果たしてミュージアムパーク茨城県自然博物館のどこがすごいのか、今回は5つの注目ポイントを紹介したい。

ティラノサウルス・トリケラトプス 動く復元ロボットを含むジオラマ

ジオラマ展示では、肉食恐竜のティラノサウルスと植物食恐竜のトリケラトプスが生きていた中生代白亜紀後期（約1億〜6600万年前）の北アメリカ大陸の様子を最新の研究成果をもとに再現！

白亜紀末期の北アメリカ大陸に生息していた大型の肉食恐竜。最近の研究で、15歳前後で急激な成長をしていたことが判明した。また、ティラノサウルスの仲間で羽毛を持っていた恐竜が近年発見されたため、幼体には全身に羽毛が生えた状態で、亜成体には背中側の一部に羽毛が生えた状態で復元している。

白亜紀末期の北アメリカ大陸に生息していた植物食恐竜。トリケラトプスは、ティラノサウルスに咬まれたようなあとがついた化石が見つかっており、ティラノサウルスに襲われて食べられることがあったと考えられている。トリケラトプスは3本の大きな角と後頭部から首の上に伸びるフリルが特徴で、ティラノサウルスなどの肉食恐竜を撃退する武器に使っていた可能性もある。前足のつき方など、姿勢にこだわって復元している。

世界最大のマンモスの全身骨格

松花江マンモス（世界最大のマンモス）は中国の内蒙古自治区から産出した骨格化石（レプリカ）で、内蒙古自治区博物館との友好の証として展示している。松花江マンモスは自然博物館のシンボルマークに「過去」の象徴として組み込まれている。企画展開催などの交流を経て、現在では茨城県自然博物館と中国内蒙古自治区博物館とは姉妹館となった。

先カンブリア～現在までさまざまな化石の展示

46億年前に誕生した地球。最初の生命が誕生したのはその約8億年後であろうと考えられています。そして気が遠くなるような長い時間をかけて生物はゆっくりと進化してきた。この展示室では、地球をつくる岩石・鉱物や大地の様子とともに、さまざまな動物・植物・人類の進化・移り変わりを紹介している。

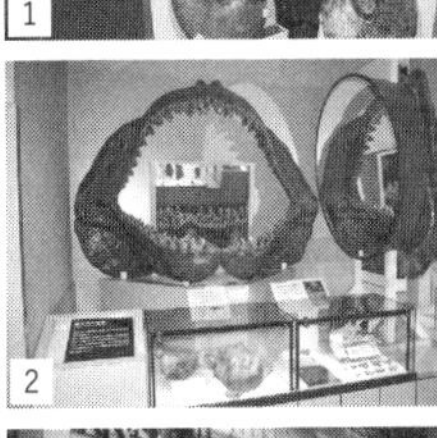

1. アンモナイトの化石
2. メガロドンの化石
3. 人類の進化と頭蓋骨

ここがスゴイ! その4

約12・5万年前の貝の化石を発掘体験

古代の広場にある砂場で、約12万5000年前の貝化石（茨城県阿見町産）を採集することができる！

日時……毎日(休館日を除く)
9:30〜16:30
対象……どなたでも
費用……無料

※2019年時点の情報です。申込み方法等については、博物館のウェブサイトをご確認ください。

ここがスゴイ! その5

約30万年前の木の葉の化石のクリーニング体験

岩石をハンマーで割って化石（栃木県那須塩原市産）を見つけ、削り出す体験もできる。古生物の世界に触れあうことができる貴重な機会だ。

日時……毎月第1・第3土曜日
10:00~、11:00~、
13:00~、14:00~
対象……小学3年生以上
費用……150円/人

※2019年時点の情報です。申込み方法等については、博物館のウェブサイトをご確認ください。

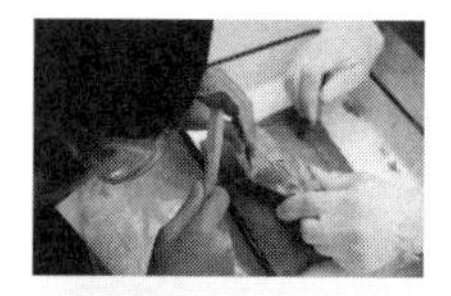

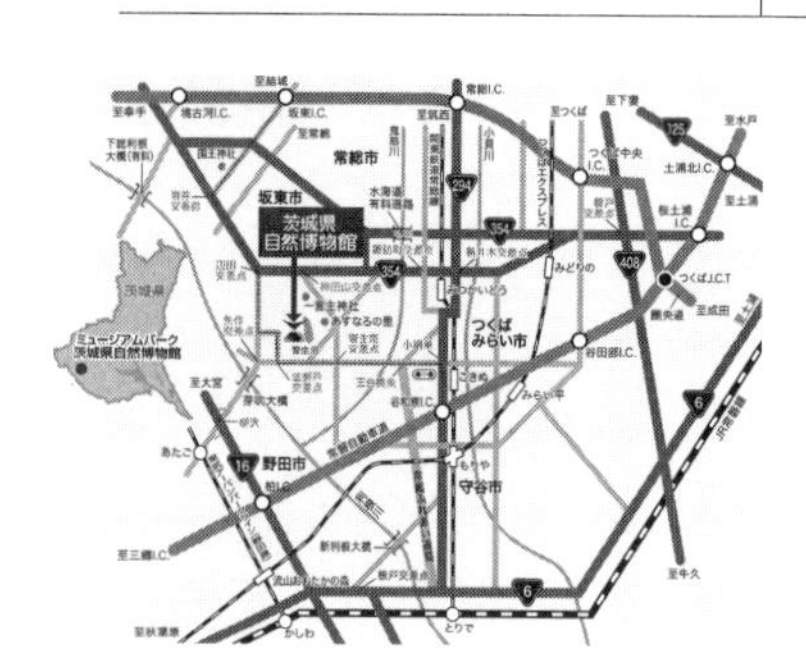

【車利用の場合】
常磐自動車道谷和原I.C.から20分
圏央道坂東I.C.から25分
古河市方面から境町経由50分
筑西市方面から下妻市経由 1時間10分
土浦市方面から常総市経由1時間

【鉄道・バス利用の場合】
東武アーバンパークライン（野田線）愛宕駅から茨城急行バス「岩井車庫行き」乗車→茨城急行バス「自然博物館入口」下車→徒歩約10分（バスは1時間に1本程度）
つくばエクスプレス・関東鉄道常総線守谷駅から関東鉄道バス「岩井バスターミナル行き」乗車→関東鉄道バス「自然博物館入口」下車→徒歩約5分（バスは1日に3~4本程度）

※交通機関をご利用のお客様は、事前に各交通機関に時間をご確認のうえお越しください。

携帯電話からもホームページをご覧いただけます。QRコードで簡単アクセス

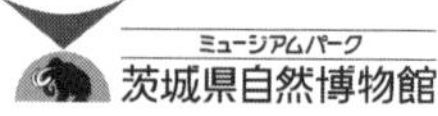

〒306-0622 茨城県坂東市大崎700番地
Tel: 0297-38-2000（代表）
0297-38-0927（イベント申込直通）
Fax: 0297-38-1999
Mail: webmaster@nat.museum.ibk.ed.jp
Facebookで最新の情報をお知らせしています。

館内で公衆無線LAN（フリーWi-Fi）が利用できます。

【利用案内】
開館時間／9:30〜17:00（入館は16:30まで）
休館日／毎週月曜日（月曜日が祝日の場合は翌日以降）
※詳しくは、開館カレンダーをご確認ください。
館内整理のための休館／6月17日(月)〜6月22日(土)、9月25日(水)

もっと詳しく知りたい読者のための参考資料

本書を執筆するにあたり、とくに参考にした主要な文献は次の通り。なお、邦訳があるものに関しては、一般に入手しやすい邦訳版をあげた。また、WEBサイトに関しては、専門の研究機関もしくは研究者、それに類する組織・個人が運営しているものを参考とした。WEBサイトの情報は、あくまでも執筆時点での参考情報であることに注意。

※本書に登場する年代値は、とくに断りのないかぎり、International Commission on Stratigraphy, 2018/08, INTERNATIONAL STRATIGRAPHIC CHARTを使用している

《一般書籍》

『アンモナイト学』著：重田康成、2001年刊行、東海大学出版会

『エディアカラ紀・カンブリア紀の生物』監修：群馬県立自然史博物館、著：土屋 健、2013年刊行、技術評論社

『オデュッセイア〈上〉』著：ホメロス、2001年刊行、岩波書店

『大人のための「恐竜学」』監修：小林快次、著：土屋 健、2013年刊行、祥伝社新書

『オルドビス紀・シルル紀の生物』監修：群馬県立自然史博物館、著：土屋 健、2013年刊行、技術評論社

『怪異古生物考』監修：荻野慎諧、著：土屋 健、2018年刊行、技術評論社

『海洋生命5億年史』監修：田中源吾、冨田武照、小西卓哉、田中嘉寛、著：土屋 健、2018年刊行、文藝春秋

『化石になりたい』監修：前田晴良、著：土屋 健、2018年刊行、技術評論社

『恐竜学最前線1』1992年刊行、学習研究社

『恐竜学最前線2』1992年刊行、学習研究社

『恐竜学入門』著：David E. Fastovsky、David B. Weishampel、2015年刊行、東京化学同人

『決着！　恐竜絶滅論争』著：後藤和久、2011年刊行、岩波書店

『口語訳 雲根志』著：木内石亭、2010年刊行、雄山閣

『古生物学事典 第2版』編集：日本古生物学会、2010年刊行、朝倉書店

『古第三紀・新第三紀・第四紀の生物 上巻』監修：群馬県立自然史博物館、著：土屋 健、2016年刊行、技術評論社

『古第三紀・新第三紀・第四紀の生物 下巻』監修：群馬県立自然史博物館、著：土屋 健、2016年刊行、技術評論社
『ジュラ紀の生物』監修：群馬県立自然史博物館、著：土屋 健、2015年刊行、技術評論社
『小学館の図鑑［新版］NEO 動物』監修・指導：三浦慎吾、成島悦雄、伊澤雅子、吉岡 基、室山泰之、北垣憲仁、画：田中豊美ほか、2014年刊行、小学館
『しんかのお話365日』協力：日本古生物学会、著：土屋 健
『神統記』著：ヘシオドス、1984年刊行、岩波書店
『新版 絶滅哺乳類図鑑』著：冨田幸光、伊藤丙男、岡本泰子、2011年刊行、丸善株式会社
『人類の進化大図鑑』編著：アリス・ロバーツ、2012年刊行、河出書房新社
『生命史図譜』監修：群馬県立自然史博物館、著：土屋 健、2017年刊行、技術評論社
『世界の化石遺産』著：P・A・セルデン、J・R・ナッズ、2009年刊行、朝倉書店
『世界のクジラ・イルカ百科図鑑』著：アナリサ・ベルタ、2016年刊行、河出書房新社
『そして恐竜は鳥になった』監修：小林快次、著：土屋 健、2013年刊行、誠文堂新光社
『石炭紀・ペルム紀の生物』監修：群馬県立自然史博物館、著：土屋 健、2014年刊行、技術評論社
『楽しい日本の恐竜案内』監修：石垣忍、林昭次、著：土屋 健、2018年刊行、平凡社
『ティラノサウルスはすごい』監修：小林快次、著：土屋 健、2015年刊行、文藝春秋
『日本の長鼻類化石』著：亀井節夫、1991年刊行、築地書館
『ネアンデルタール人は私たちと交配した』著：スヴァンテ・ペーボ、2015年刊行、文藝春秋
『白亜紀の生物 上巻』監修：群馬県立自然史博物館、著：土屋 健、2015年刊行、技術評論社
『白亜紀の生物 下巻』監修：群馬県立自然史博物館、著：土屋 健、2015年刊行、技術評論社
『はじめての地学・天文学史』編著：矢島道子、和田純夫、2004年刊行、ベレ出版
『歯の比較解剖学第2版』編：後藤仁敏、大泰司紀之、田畑純、花村肇、佐藤巌、著：石山巳喜夫、伊藤徹魯、犬塚則久、大泰司紀之、後藤仁敏、駒田格知、笹川一郎、佐藤巌、
茂原信生、瀬戸口烈司、田畑純、花村肇、前田喜四雄、2014年刊行、医歯薬出版
『フタバスズキリュウ発掘物語』著：長谷川善和、2008年刊行、化学同人
『歩行するクジラ』著：J・G・M・シューウィセン、2018年刊行、東海大学出版部
『眼の誕生』著：アンドリュー・パーカー、2006年刊行、草思社
『Evolution of Fossil Ecosystems, Second Edition』著：Paul Selden、John Nudds、2012年刊行、Academic Press
『DinoPress Vol.1』2000年刊行、オーロラ・オーバル社

『Taphonomy: A Process Approach』著：Ronald E. Martin、１９９９年刊行、Cambridge University Press
『ＳＵＥ 史上最大のティラノサウルス発掘』著：ピーター・ラーソン、クリスティン・ドナン、２００５年刊行、朝日新聞社

《博物館資料・企画展図録・講演予稿集など》

大津歴博だより２００９年Ｎｏ.77、大津歴史博物館、２００９年刊行
手取層群の恐竜、福井県立博物館、１９９５年刊行
日本古生物学会２００１年年会（東京）講演予稿集、日本古生物学会、２００１年刊行
博物ふぇすてぃばるガイドブック、博物ふぇすてぃばる、２０１５年刊行
マンモス「ＹＵＫＡ」、パシフィコ横浜、２０１３年刊行

《プレスリリース》

千葉県市原市の地層を地質時代の国際標準として申請、産業技術総合研究所、２０１７年６月７日
平成30年（２０１８年）全国犬猫飼育実態調査 結果、一般社団法人ペットフード協会、２０１８年12月25日
〝Tully Monster〟Mystery Is Far From Solved, Penn-led Group Argues〟Penn Today〟２０１７年２月20日

《雑誌記事》

「機能獲得の進化史１　愛情」監修：群馬県立自然史博物館、著：土屋 健、みすず２０１８年11月号

《学術論文》

Darla K. Zelenitsky, François Therrien, Gregory M. Erickson, Christopher L. DeBuhr, Yoshitsugu Kobayashi〟David A. Eberth, Frank Hadfield, 2012, Feathered Non-Avian Dinosaurs from North America Provide Insight into Wing Origins〟Science, vol.338, p510-514
Gregory M. Erickson, Peter J. Makovicky, Philip J. Currie, Mark A. Norell, Scott A. Derby Christopher A. Brochu, 2004, Gigantism and comparative life-history parameters of tyrannosaurid dinosaurs, nature, vol.430, p772-775
Hidekazu Yoshida, Atsushi Ujihara, Masayo Minami, Yoshihiro Asahara, Nagayoshi Katsuta, Koshi Yamamoto, Sin-iti Sirono, Ippei Maruyama, Shoji Nishimoto, Richard Metcalfe, 2015, Early post-mortem formation of carbonate concretions around tusk-shells over week-month timescales, Scientific Reports, DOI: 10.1038/srep14123
James W. Hagadorn, 2009, In Smith, Martin R.; O'Brien, Lorna J.; Caron, Jean-Bernard. Abstract Volume. International Conference on the Cambrian Explosion (Walcott 2009). Toronto, Ontario, Canada: The Burgess Shale Consortium (published 31 July 2009). ISBN 978-0-9812885-1-2.
Johan Lindgren, Hani F. Kaddumi, Michael J. Polcyn, 2013, Soft tissue preservation in a fossil marine lizard with a bilobed tail fin, Nat. Commun. 4:2423 doi: 10.1038/

《ＷＥＢサイト》

JURASSIC WORLD〟https://www.jurassicworld.jp
The Burgess Shale〟https://burgess-shale.rom.on.ca

ncomms3423

Johan Lindgren, Michael W. Caldwell, Takuya Konishi, Luis M. Chiappe, 2010, Convergent Evolution in Aquatic Tetrapods: Insights from an Exceptional Fossil Mosasaur. PLoS ONE˘ vol.5, no.8, e11998. doi:10.1371/journal.pone.0011998

Johan Lindgren, Peter Sjövall, Volker Thiel, Wenxia Zheng, Shosuke Ito, Kazumasa Wakamatsu, Rolf Hauff, Benjamin P. Kear, Anders Engdahl, Carl Alwmark, Mats E. Eriksson, Martin Jarenmark, Sven Sachs, Per E. Ahlberg, Federica Marone, Takeo Kuriyama, Ola Gustafsson, Per Malmberg, Aurélien Thomen, Irene Rodríguez-Meizoso, Per Uvdal, Makoto Ojika, Mary H. Schweitzer, 2018, Soft-tissue evidence for homeothermy and crypsis in a Jurassic ichthyosaur, nature, vol.564, p359-365

John R. Peterson, Diego C. Garcia-Bellido, Michael S. Y. Lee, Glenn A. Brock, James B. Jago Gregory D. Edgecombe, 2011, Acute vision in the giant Cambrian predator Anomalocaris and the origino f compound eyes, nature, vol. 480, p237-240

Jostein Starrfelt, Lee Hsiang Liow, 2016, How many dinosaur species were there? Fossil bias and true richness estimated using a Poisson sampling model. Phil. Trans. R. Soc. B 371 : 20150219. http://dx.doi.org/10.1098/rstb.2015.0219

Julien Benoit, Paul R. Manger, Vincent Fernandez, Bruce S. Rubidge, 2016, Cranial Bosses of *Choerosaurus dejageri* (Therapsida, Therocephalia): Earliest Evidence of Cranial Display Structures in Eutheriodonts. PLoS ONE 11(8): e0161457. doi:10.1371/journal.pone.0161457

K. A. Sheppard, D. E. Rival, J.-B. Caron˘ 2018, On the Hydrodynamics of *Anomalocaris* Tail Fins, Integrative and Comparative Biology, vol.58, num.4, p.703–711

Konami Ando˘ Shin-ichi Fujiwara, 2016, Farewell to life on land – thoracic strength as a new indicator to determine paleoecology in secondary aquatic mammals, Journal of Anatomy, doi: 10.1111/joa.12518

Kunio Kaiho, Naga Oshima, Kouji Adachi, Yukimasa Adachi, Takuya Mizukami, Megumu Fujibayashi, Ryosuke Saito, 2016, Global climate change driven by soot at the K-Pg boundary as the cause of the mass extinction, Scientific Reports, vol.6, Article number: 28427

Lauren Sallan, Sam Giles, Robert S. Sansom, John T. Clarke, Zerina Johanson,Ivan J. Sansom, Philippe Janvier, 2017, The `Tully Monster` is not a vertebrate: characters, convergence and taphonomy in Palaeozoic problematic animals, Palaeontology, vol.60, Issue2, p149-157

M. Aleksander Wysocki, Robert S. Feranec, Zhijie Jack Tseng, Christopher S. Bjornsson, 2015, Using a Novel Absolute Ontogenetic Age Determination Technique to Calculate the Timing of Tooth Eruption in the Saber-Toothed Cat, *Smilodon fatalis*, PLoS ONE˘ 10(7):e0129847. doi: 10.1371/journal.pone.0129847

Martin R. Smith, Jean-Bernard Caron, 2015, *Hallucigenia*'s head and the pharyngeal armature of early ecdysozoans, nature, vol.523, p75–78

Morten E. Allentoft, Matthew Collins, David Harker˘ James Haile, Charlotte L. Oskam, Marie L. Hale, Paula F. Campos, Jose A. Samaniego, M. Thomas P. Gilbert, Eske Willerslev, Guojie Zhang, R. Paul Scofield, Richard N. Holdaway, Michael Bunce, 2012, The half-life of DNA in bone: measuring decay kinetics in 158 dated fossils, Proc. R. Soc. B, 279, doi: 10.1098/rspb.2012.1745

Peter Schulte, Laia Alegret, Ignacio Arenillas, José A. Arz, Penny J. Barton, Paul R. Bown Timothy J. Bralower, Gail L. Christeson, Philippe Claeys, Charles S. Cockell,

Gareth S. Collins, Alexander Deutsch, Tamara J. Goldin, Kazuhisa Goto, José M. Grajales-Nishimura, Richard A. F. Grieveˆ Sean P. S. Gulick, Kirk R. Johnson, Wolfgang Kiessling, Christian Koeberl, David A. Kring, Kenneth G. MacLeod, Takafumi Matsui, Jay Melosh, Alessandro Montanari, Joanna V. Morgan, Clive R. Neal, Douglas J. Nichols, Richard D. Norris, Elisabetta Pierazzo, Greg Ravizza, Mario Rebolledo-Vieyra, Wolf Uwe Reimold, Eric Robin, Tobias Salge, Robert P. Speijer, Arthur R. Sweet, Jaime Urrutia-Fucugauchi, Vivi Vajda, Michael T. Whalen, Pi S. Willumsen, 2010, The Chicxulub Asteroid Impact and Mass Extinction at the Cretaceous-Paleogene Boundary, Science, vol.327, p1214-1218

Phil R. Bell, Nicolás E. Campione, W. Scott Persons IV, Philip J. Currie,Peter L. Larson, Darren H. Tanke, Robert T. Bakker, 2017, Tyrannosauroid integument reveals conflicting patterns of gigantism and feather evolution. Biol. Lett. 13: 20170092.http://dx.doi.org/10.1098/rsbl.2017.0092

Shoji Hayashi, Alexandra Houssaye, Yasuhisa Nakajima, Kentaro Chiba, Tatsuro Ando, Hiroshi Sawamuraˆ Norihisa Inuzuka, Naotomo Kaneko, Tomohiro Osaki, 2013, Bone Inner Structure Suggests Increasing Aquatic Adaptations in Desmostylia (Mammalia, Afrotheria), PLoS ONE, 8(4): e59146. doi:10.1371/journal.pone.0059146

Sohsuke Ohno, Toshihiko Kadono, Kosuke Kurosawa, Taiga Hamura, Tatsuhiro Sakaiya, Keisuke Shigemori, Yoichiro Hironaka, Takayoshi Sano, Takeshi Watari, Kazuto Otani, Takafumi Matsui, Seiji Sugita, 2014, Production of sulphate-rich vapour during the Chicxulub impact and implications for ocean acidification, nature geoscience, vol.7, p279-282

Steven M. Stanley, 2016, Estimates of the magnitudes of major marine mass extinctions in earth history, PNAS, www.pnas.org/cgi/doi/10.1073/pnas.1613094113

Takanobu Tsuihiji, Mahito Watabe, Khishigjav Tsogtbaatar, Takehisa Tsubamoto, Rinchen Barsbold, Shigeru Suzuki, Andrew H. Lee, Ryan C. Ridgelyˆ Yasuhiro Kawahara, Lawrence M. Witmer, 2011, Cranial Osteology of a Juvenile Specimen of *Tarbosaurus bataar* (Theropoda, Tyrannosauridae) from the Nemegt Formation (Upper Cretaceous) of Bugin Tsav, Mongolia, Journal of Vertebrate Paleontology, vol.31, Issue3, p497-517

Takuya Konishi, Johan Lindgren, Michael W. Caldwella, Luis Chiappe, 2012, *Platecarpus tympaniticus* (Squamata, Mosasauridae): osteology of an exceptionally preserved specimen and its insights into the acquisition of a streamlined body shape in mosasaursˆ Journal of Vertebrate Paleontology, vol.32, Issue6, p1313-1327

Thomas D. Carr, Thomas E. Williamson, 2004, Diversity of late Maastrichtian Tyrannosauridae (Dinosauria: Theropoda) from western North America, Zoological Journal of the Linnean Society, vol.142, p479-523

Victoria E. McCoy, Erin E. Saupe, James C. Lamsdell, Lidya G. Tarhanˆ Sean McMahon, Scott Lidgard, Paul Mayer, Christopher D. Whalen, Carmen Soriano, Lydia Finney, Stefan Vogt, Elizabeth G. Clark, Ross P. Anderson, Holger Petermann, Emma R. Locatelli, Derek E. G. Briggs, 2016, The Tully monster, is a vertebrate, nature, vol.532ˆ p496-499

Xing Xu, Kebai Wang, Ke Zhang, Qingyu Ma, Lida Xing, Corwin Sullivan, Dongyu Hu, Shuqing Cheng, Shuto Wang, 2012, A gigantic feathered dinosaurs from the Lower Cretaceous of China, nature, vol. 484, p92-93

まだまだ面白いことがある

全38編の「古生物に関わるお話」をお届けしました。

いかがでしたでしょうか？

古生物ってオモシロ！　もっといろいろと知りたい！

そう感じていただければ、著者としてこれに勝る喜びはありません。


古生物を楽しむに際して、最も入門的で、最も基本的で、そして、最も大切なことは、自分の「好きな古生物」に出会うことです。本編では224ページで、監修者の加藤太一さんの「神セブン」を紹介しました。これは、本書の担当編集であるキンマサタカさんのアイデアに加藤さんが応えてくれた形です。

「セブン」とまではいかなくても、まずは自分の好きな古生物を見つけてください。

そして、そのコに恋してみてください。

もっともっと知りたくなって、そのコを中心とした面白い話にいろいろと出会えるはずです。

本書では全38編のお話を収録しましたが、もちろん、これがすべてではありません。筆者にもまだまだ〝語りたいお話〟はあります。

また、すでに古生物ファンのみなさんには「え？　私のイチオシ噺が載っていないじゃん！」と思われた方もいると思います。

すべては、ページ数や想定読者層、営業戦略などさまざまな〝大人の都合〟によるものです（苦笑）。ぜひ、この先は、ご自身で「オモシロ古生物話」を集め、披露し、そして、仲間を増やしてください。

本書の冒頭にも書いたように、ほんの数年前までは「古生物」という単語に「難しい」というイメージを感じ、タイトルに掲載することをためらう出版社が少なからずあったものです。しかし今では、こうして「古生物」を前面に出した本が刊行できるようになりました。

良い時代になったなあ、と感じるとともに、その時代を支えてくださっているのは、まさに本書を手にとってくださっているような読者のみなさんだと思う次第です。

重ねて大感謝。ぜひ、これからも、古生物の面白さ、楽しさにご注目ください。

著者

本文・カバーデザイン	アベキヒロカズ
カバーイラスト	月本佳代美
本文イラスト	谷村諒
DTPオペレーション	株式会社ライブ
編集協力	キンマサタカ
編集	滝川昂、小室聡(株式会社カンゼン)

監修　加藤太一（かとう・たいち）

ミュージアムパーク茨城県自然博物館 地学研究室 学芸員。愛媛県生まれ。東京大学 理学部 地球惑星環境学科を卒業し、現在は博物館に勤務しながら、茨城大学大学院 理工学研究科 博士後期課程に在籍中。茨城県内外の化石について調査研究を行いながら、博物館のイベントや展示を通し、社会への地質学・古生物学の普及に努めている。監修書：『学研の図鑑LIVE 古生物』(学研プラス)、『ゆるゆる恐竜図鑑』(学研プラス)など。

著者　土屋 健（つちや・けん）

サイエンスライター。オフィス ジオパレオント代表。埼玉県生まれ。金沢大学大学院自然科学研究科で修士号を取得（専門は地質学、古生物学)。その後、科学雑誌『Newton』の編集記者、部長代理を経て、現職。『リアルサイズ古生物図鑑古生代編』(技術評論社）で、「埼玉県の高校図書館司書が選ぶイチオシ本2018」第1位などを受賞。近著に『地球のお話365日』(共著：技術評論社)、『恐竜・古生物ビフォーアフター』(イースト・プレス）など。

知識ゼロでもハマる
面白くて奇妙な古生物たち

発行日　2019年5月30日　初版

監　修　加藤 太一
著　者　土屋 健
発行人　坪井 義哉
発行所　株式会社カンゼン
〒101-0021
東京都千代田区外神田2-7-1 開花ビル
TEL 03 (5295) 7723
FAX 03 (5295) 7725
http://www.kanzen.jp/
郵便為替 00150-7-130339
印刷・製本　株式会社シナノ

ISBN 978-4-86255-516-8
Printed in Japan
定価はカバーに表示してあります。

ご意見、ご感想に関しましては、kanso@kanzen.jpまでEメールにてお寄せ下さい。お待ちしております。